U0686168

索玛花图鉴

凉山彝族自治州史志办公室 编

四川科学技术出版社

·成都·

图书在版编目（CIP）数据

索玛花图鉴 / 凉山彝族自治州史志办公室编 . -- 成都：四川科学技术出版社，2022.11

ISBN 978-7-5727-0553-3

Ⅰ.①索… Ⅱ.①凉… Ⅲ.①杜鹃花属－凉山彝族自治州－图集 Ⅳ.① Q949.772.308-64

中国版本图书馆CIP数据核字（2022）第123768号

索玛花图鉴
SUOMAHUA TUJIAN

编　　者　　凉山彝族自治州史志办公室

出 品 人　　程佳月
责任编辑　　刘涌泉
封面设计　　成都汇源文化发展有限公司
责任出版　　欧晓春
出版发行　　四川科学技术出版社
　　　　　　成都市锦江区三色路238号　邮政编码610023
　　　　　　官方微博：http://weibo.com/sckjcbs
　　　　　　官方微信公众号：sckjcbs
　　　　　　传真：028-86361756
成品尺寸　　250mm×250mm
　　　　　　印张16.5　　字数260千　　插页2
印　　刷　　成都汇源文化发展有限公司
版　　次　　2022年11月第一版
印　　次　　2022年11月第一次印刷
定　　价　　168.00元
ISBN　978-7-5727-0553-3

邮购：四川省成都市锦江区三色路238号新华之星A座25层　邮政编码610023
电话：028-86361770　　　电子信箱：sckjcbs@163.com

■ 版权所有　翻印必究 ■

编 委 会

顾　问　阿石拉比　陈建春

主　任　彭　洪　杨复晗

副主任　陈卫红　杨洪彬

编　委　比曲吾色　格及依呷　张　平　陈　群　孙志东　黄跃跃　赖文江

项 目 组

组　长　陈卫红

副组长　比曲吾色　格及依呷

成　员　陈　群　孙志东　黄跃跃　赖文江　薛　斌　刘晓霞　周　雯　杨昌菊

李如巧　刘芙蕖　赵　永　陈　勇　向国华　徐棕骏　朱文峰　王　健

李　江　孙学元　杨尔坡　赵元强　洛边彩哈　赵生亮　刘晓丹　王大钊

马金华　马文祥

编 写 组

主　　编　陈卫红

副 主 编　比曲吾色　格及依呷

执行主编　陈　群　荣　蓉

成　　员　孙志东　黄跃跃　赖文江　肖元东　罗　艳　曹　毅　洛世琼　杨　莉

　　　　　党　毅　商　江　邱吉尔　伍梦雪　徐　浪　罗　权

摄　　影　游小军　胡小平　杨黎明　赖文江　冷文浩　李　良　贾巴尔且

　　　　　周杰峰　黄志琴　张成发　张　衡　宋　明　刘　莉　苗顶松　帅仲国

　　　　　毛昌伟　谢世恩　符　蓉　罗启诚

标本整理鉴定　孙志东　黄跃跃　刘永安　陈　艳　卿文英　陈继恩　吴　劼　王加欣

野外调查人员　骆晓铭　吴子光　孙志东　黄跃跃　卿文英　熊　艳

　　　　　　　罗家兵　汪启英　向玉华

制　　表　黄跃跃　陈继恩

序 言

　　每当春寒料峭，一种浸润着春天气息、傲然挺立的花朵便在横断山的大小凉山山脉弥漫开来，从山谷到山顶次第开放，从初春开到仲夏，漫山遍野，美不胜收，千里凉山幻变成五彩凉山、世界花园。这就是被彝家称为索玛花的杜鹃。

　　索玛花不仅有野性奔放之美，而且有绝境求生之气，无论是大河之滨的雅砻江、金沙江、安宁河畔，还是高山之巅的螺髻山、牦牛山、小相岭都有她坚忍不拔的绰约风姿。

　　伴随着山花盛开的还有绚丽多姿的民族风情和根植于这块大地的璀璨文化。

　　《索玛花图鉴》以串珠的形式，把绽放在大小凉山的索玛花美景和生长在这片土地上的彝族民族风情，以图鉴的形式汇编成册，明快鲜活地反映千里凉山、百里索玛的大气磅礴之美，形象生动地解析索玛花开带来的视觉盛宴和渗透在索玛花中的历史文化。全书分为凉山州索玛花概况、凉山州索玛花生境、凉山州索玛花之属、凉山州索玛花旅游资源特点与开发四个板块，充分展现了凉山各地，尤其是重点区域的索玛花自然景观、人文景观。书中具体介绍了120多种野生索玛花（含亚种、变种等），包括学名、别名、形态特征、生长环境及分布等。书中配有索玛花彩色照片，图文并茂，以图为主，以文为辅，发挥图能正文、图能彰文的特点，穿插相关的民族风情，以及历史文化，增强其可读性，以飨读者。本书的问世，必将成为展示宣传大美凉山的有效载体和窗口，助推凉山全域旅游的开发和乡村振兴，为存史、资政、教化开辟新途径。凉山尚缺全面反映索玛花资源的大型彩色图鉴，本书的出版填补了这一空白。

凡 例

一、本图鉴集资料性、科普性、观赏性为一体，客观记录凉山彝族自治州（以下简称"凉山州"）各县（市）尤其是重点区域的索玛花自然景观、民族风情，让图鉴编纂成为宣传大美凉山的有效载体和窗口。

二、本图鉴主要包括序言、凡例、目录、正文、附录等。正文采用篇、章结构，每篇设有若干章节。

三、本图鉴以图为主，以文为辅，发挥图能正文、图能彰文的特点，力求做到图文并茂、简洁明了、通俗易懂、大气美观。

四、本图鉴正文部分由凉山州索玛花概况、凉山州索玛花生境、凉山州索玛花之属、凉山州索玛花旅游资源特点与开发四个板块及有关附录组成。记述的行政区域以凉山州为主。

五、本图鉴重点记载凉山州17个县市具有一定规模和特色的主要区域的索玛花生境。采取图文对照的形式，介绍了凉山州境内生长的120多个野生索玛花品种（含亚种、变种等）。本图鉴对于了解凉山州野生索玛花的基本情况具有一定学术参考价值。

六、本文所用图片和有关资料不便署名，望提供者谅解。

七、由于本图鉴部分内容专业性较强，受编写水平和拍摄条件等因素限制，瑕累之处，恳请读者朋友不吝赐教。

目 录

第一章　凉山州索玛花概况

索玛花是杜鹃花的彝语名，彝语称杜鹃花为"索玛"，即幸福之花。杜鹃别称山踯躅、山石榴、映山红、照山红、唐杜鹃等。

索玛花为杜鹃花科杜鹃花属植物，常绿或落叶小灌木、小乔木，花色洁白中透着粉红，被称为"高山玫瑰"，是中国十大名花之一，有"花中西施"的美誉。古诗曰："花中此物似西施，牡丹芍药皆嫫母"，称赞其"水蝶岩蜂俱不知，露红凝艳数千枝"。

索玛花在全世界约有960种，亚洲最多约850种，北美洲24种，欧洲9种，澳大利亚1种。其中，中国约占560种，占全世界种类的59%。我国的横断山区和喜马拉雅地区是世界索玛花的现代分布中心之一。凉山州地处横断山脉，是野生索玛花的重要分布区。

凉山州，位于四川省西南部，东北分别与宜宾市、乐山市接壤，北连雅安市、甘孜藏族自治州，南与攀枝花市毗邻，东、南、西与云南省昭通市相连接，全州总面积6.04万平方千米。境内地貌复杂多样，地势西北高，东南低。高山、深谷、平原、盆地、丘陵相互交错，海拔最高为5 958米的木里县恰朗多吉峰，最低为雷波县大岩洞金沙江谷底305米，相对高差为5 653米，野生索玛花资源十分丰富。

高差巨大，不仅构成了特殊的地貌景观，也形成了中国罕见的亚热带干热河谷稀树草原景观。凉山州区域气候属于亚热带季风气

候区，干湿分明，冬半年日照充足，少雨干暖；夏半年云雨较多，气候凉爽。日温差大，年温差小，年均气温16～17℃。因地理环境复杂多变，气候的垂直、水平差异很明显，往往山头白雪皑皑，山下绿草茵茵，可谓"一山分四季，十里不同天"。以大、小相岭和黄茅埂为界，具有南干北湿、东润西燥、低热高凉的特点。气候环境的多样性是野生索玛花品种多样化的重要原因。

凉山州特殊的地理位置和自然条件适合索玛花生长繁衍。根据调查，凉山州约有野生索玛花120多种（含亚种、变种等），分属杜鹃属的杜鹃亚属、常绿杜鹃亚属、映山红亚属、糙叶杜鹃亚属、迎红杜鹃亚属等6个亚属，几乎占四川省种类的70%。索玛花在全州17个县（市）均有分布，一般分布于海拔1 000～4 300米的区域，规模化分布集中在海拔2 200～4 000米区域内。

凉山州比较著名的索玛花有30多种，并拥有以产地命名的独特的稀有品种，如：木里枯鲁杜鹃、会东杜鹃、凉山杜鹃、西昌杜鹃、普格杜鹃、雷波杜鹃等。2020年5月，中国科研人员在野外考察过程中重新发现已被宣布野外灭绝的枯鲁杜鹃。目前仅发现这一株。

▶会东杜鹃，2016年科考数量仅200余株，被称为"杜鹃中的大熊猫"。

◀木里枯鲁杜鹃，被宣布野外灭绝的枯鲁杜鹃目前仅发现一株。

色彩缤纷的凉山索玛花或高或矮，或挺直或弯曲，或伸长或蛰伏，或红或白或紫或粉或金黄或粉红，或淡雅或热烈。花冠或大或小，或纯净或点缀些许或紫或红的斑点，分外妖娆。

雄浑的大山，十里不同天的立体气候，赋予了凉山索玛花鲜明的特色和个性：

或伫立峰顶，刚强不屈

或悬于陡崖，丹岩霁红

或隐于溪畔，娇花照水

或显于山谷，野性热烈

或生于草地，大气磅礴

或星星点点林间，万绿丛中一点红

或漫山遍野竞放，幻化成花的海洋

伫立峰顶　刚强不屈

悬于陡崖 丹岩霁红

隐于溪畔 娇花照水

显于山谷 野性热烈

生于草地 大气磅礴

星星点点林间 万绿丛中一点红

漫山遍野竞放 幻化成花的海洋

第二章　凉山州索玛花生境

凉山州野生索玛花面积达百万亩，遍布全州，享有千里凉山、百里索玛的美名。"满山花儿在等待，美酒飘香在等待。"大凉山每到索玛花开的季节，一座座花山花儿怒放，一个个村寨索玛争妍。

凉山野生索玛花是川鹃中的上品，花期从3月到7月，长达5个月，红、粉、黄、紫、白等花色齐全，花冠硕大，色彩艳丽，千姿百态，五彩缤纷。每到开花季节，或开在高山圣湖，万朵胭红；或开在云端牧场，灿若云霞；或开在峻岭奇峰，野性热烈；或开在幽谷溪畔，碧玉天成。于是，有了螺髻山的索玛花海，有了谷克德的五彩缤纷，有了百草坡的灿若云霞，有了海口牧场的云端花园。

凉山州的索玛花景区主要景点有：普格螺髻山景区10万亩（1亩≈666.7平方米）、西昌摆摆顶—十里铺10万亩、海口牧

场（含德昌）8.5万亩、金阳百草坡10万亩、日都迪撒15万亩、会理龙肘山1.1万亩、黄柏—花木梁子0.9万亩、昭觉谷克德（七里坝）1.8万亩、喜德（含越西、冕宁）"俄而则俄"（小相岭）2.2万亩、木里玛娜茶金（陇撒）1.1万亩、长海子（寸东海）1.4万亩、德昌姑姑山0.4万亩、美姑黄茅埂8万亩、大风顶3万亩、盐源县野猪凼1万亩、大哨垭口1万亩等。

凉山州各县市正在依托索玛花资源，打造国家级旅游景区、国家生态旅游示范区、索玛花国家森林公园、国家风景名胜区、国家自然保护区。这里呈现的是世界罕见的美出天际的大花园，是中国春观花海、夏避酷暑、秋享康养、冬沐暖阳的生态旅游福地。螺髻山、谷克德、金阳百草坡已经修建旅游基础设施，形成景区并具有旅游接待能力。索玛花景区的开发正在成为凉山赏花旅游的重头戏。

第一节 螺髻山索玛花

一、螺髻山脉索玛花

邛海苍茫幕晓烟，空波无际影沦涟。

每逢旭日初临岸，万派霞光上接天。

"峨眉山似女人蚕蛾之眉，螺髻山似少女头上青螺状之发髻"，
螺髻山因其主峰高耸入云，形似青螺，宛若玉髻，而得其美名。

螺髻山，北起于西昌邛海之南，主要岭峰由北至南有：摆摆顶山4 182米，主峰边俄额哈4 395米，大火山3 959米。南北长约70千米，东西宽约35千米，总面积约2 450平方千米。东临普格县则木河断裂谷地，西濒安宁河断裂河谷，南抵会理、宁南、会东的鲁南山，北止于邛海南岸的大箐梁子。螺髻山是我国已知山地中罕见的保持完整的第四纪古冰川天然博物馆。

螺髻山莽莽苍苍，雄奇俊秀。奇峰异石，缥缈于浮云之上，若隐若现。"烟中鬂髻，尚觉模糊；雨际青螺，偏多秀媚"，烟雨中的螺髻山景犹如一幅大气磅礴的水墨丹青。

螺髻山的高山湖泊，散落在原始森林中，静影沉璧，一尘不染，犹如人间瑶池。

一条条清泉像丝带把湖泊串联起来，形成螺岭飞瀑。奔腾在峡谷中的泉水，一路上有索玛花、苔衣、松石相伴，或银练当空，飞流直下，飞花溅玉；或清流浅泻，千回百转，叮叮咚咚。激昂处，如歌如潮，声震山谷；幽怨处，如泣如诉，林静泉幽。

这里千年索玛盛，万古冰川奇；万壑流泉，丹岩笔立；千峰耸峙，仙湖串珠；湖中水草荡漾，山溪鲵鱼隐隐约约可见。有气势如虹的温泉瀑布，也有牧草丰茂的高山草甸，可以遨游云海觅仙踪，也可以放马南山自逍遥，还可以一探仙人洞天，土林奇观。

古籍中称螺髻山有72峰，36天池，18胜景，25坪，12佛洞。据1989年卫星遥感资料反映，其景观、景点数远不止于此，且其山脊高出4 000米的山峰就有58座。它兼有黄山、泰山之雄奇，衡山、华山之峻峭，峨眉、九寨之秀美。我国著名经济学家和历史学家朱契在《螺髻山探胜记》中把螺髻山称为"胜地"，并与黄山、庐山、衡山齐名。既有"蜀国多仙人，螺髻居其一"的赞叹，亦有"西子浓妆，峨眉淡抹，螺髻天生"之美誉。

螺髻山历史上曾是洞天佛地、佛教胜境。自汉代始建寺庙，唐代佛事非常盛行（鼎盛时期仅螺髻寺就养僧3 000余人），建造了许多庙宇，现遗址尚存。唐末以后由于战乱和其他原因佛事日衰，于是有"隐去螺髻，始现峨眉"之说。自清初至道、咸年间，寺庙又逐渐兴起。据记载，仅螺髻山西麓就有曹洞派较大的庙宇两阁十三寺。螺髻山碧水幽谷，烟云缥缈，景观无穷，佛家称为仙境，视为"紫微"。

螺髻山充满神秘。地质学家袁复礼、李四光，以及英国、美国、德国、日本、奥地利、荷兰等国家的专家学者都对螺髻山进行过科学考察。螺髻山还是古代文人才思喷涌的源泉，许多文人墨客都赞美过这座雄奇的山脉。尤其是他"皭然雪亮"之千古积雪，成就了古代邛都八景之"螺岭积雪"。明代万历年间进士马中良在《螺髻山记》中曾写下"螺髻山开，峨眉山闭"的赞语；清末举人颜汝玉在其《螺髻山赋》中云："景或异乎峨眉，名可齐乎姑射"；清代诗人杨鼎才在他的《忆家居》中所写道："螺峰环户牖，邛海足佃鱼。"螺髻山是我们的生存环境，也是我们的精神家园，他以他那父亲般巍峨博大的胸怀环抱着西昌这座摇篮般安宁祥和的城。秀丽温婉的泸山也是他的余脉。清代学者何日愈的《西乡散步》诗中有："薄暮西乡路，秋山拥翠螺。"清代诗人颜启芳在《邛池行》中说："池南岸上即泸峰，螺髻山跨泸峰东。"

姹紫嫣红的索玛花漫山遍野，是螺髻山迷人的景观。

　　螺髻山景区索玛花隐于溪畔、映于湖边，娇花照水自多情；摆摆顶—十里铺螺髻山索玛花显于山谷，漫山遍野，野性热烈；普格海口牧场索玛花生于草地，大气磅礴；德昌姑姑山索玛花开于陡崖，丹岩霁红。

　　螺髻山上的索玛花多达30多个品种，呈梯状分布在海拔1 500～4 000米的山梁上。山脚的报春杜鹃，用初绿的嫩芽、艳红的花朵送来初春的气息；中山的云南杜鹃、大白杜鹃、圆叶杜鹃、棕背杜鹃、乳黄杜鹃、大王杜鹃千姿百媚、繁花似锦，带来初夏的信息；杜鹃古树犹如盆景高手、园林巧匠，在枝干缠绕、虬根裸露的古枝上盛开或红或紫或蓝或黄或粉或白、五彩缤纷的花朵，煞是美丽；名贵的高山乳黄杜鹃开花姗姗来迟，其特有的花簇成球方显天生丽质、华贵典雅。人间四月芳菲尽，此处春色正浓时。到了4-5月份，一朵朵、一片片杜鹃花从山脚向山顶渐次开放，花香四溢，蜂舞蝶恋；放眼望去，群芳竞放，或黄或白，或红或粉，漫山遍野，灿若云霞，满目芳菲，美不胜收！

二、螺髻山景区索玛花

　　螺髻山国家级风景名胜区是一个融独特自然风光和浓郁民族风情为一体的国家AAAA级旅游景区。螺髻山风景区位于四川省普格县，总面积2 400平方千米，其中主要景区面积1 083平方千米，主峰海拔4 359米。景区距州府西昌市仅42千米。

　　螺髻山景区索玛花非常壮观，从清水沟到黑龙潭、珍珠湖瀑布、幽恋湖、玉髻湖、水草湖、仙鸭湖、牵手湖都有分布。

索玛花映于湖边，
娇花照水自多情

索玛花隐于清水沟溪畔，一涧飞出花枝俏

索玛花悬于崖边，浮于云端，苍茫之中显豪情

三、螺髻山摆摆顶—十里铺索玛花海

从螺髻山北麓徒步登上摆摆顶、干海子、金厂坝、十里铺，一路山花烂漫，漫山遍野，索玛花海大气磅礴，美不胜收，雾里看花，幻若仙境。

干海子

金厂坝

摆摆顶

雾里看花若隐若现

十里铺

从摆摆顶到十里铺，雄浑大山深处的湖泊闪现出她秀丽的身姿。漫步于五彩湖、叠翠湖、黄龙潭、黑龙潭边，盛开的索玛花或红或白或粉或黄，或粉中带红，或红中透粉，不胜娇羞，一枝枝、一株株、一簇簇，与湖泊、山林、奇峰构成一幅水墨画卷。

五彩湖

叠翠湖

黑龙潭

黄龙潭

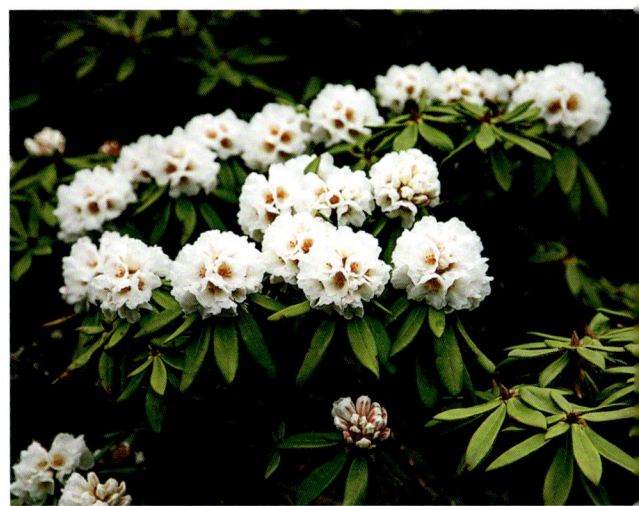

第二节 西昌市索玛花

　　西昌市索玛花主要分布于海拔2 600～3 200米的螺髻山、牦牛山、泸山区域山地针阔混交林带，面积达33 331亩。相对比较连片的有几处：一是民胜乡核桃村与冕宁县接壤处，有12 879亩；二是银厂乡马鹿村，民胜乡核桃村、甘垭村、麻棚村，响水乡卢基村沿牦牛山脊一带，有9 700亩；三是开元乡甘洛村、古鸠莫村，巴汝乡甲乌村沿牦牛山脊一带，有5 120亩；四是磨盘乡大厂村、巴山村沿牦牛山脊一带，有951亩；五是民胜乡西洼村、白水村，琅环乡桃源村、琅环村，响水乡木耳山村靠拖郎沟两侧，有1 187亩；六是大箐乡民主村、胜利村与普格县接壤处，有1 116亩；七是安哈镇长板桥村、摆摆顶村，黄联关镇书夫村靠螺髻山山顶，有11 922亩。主要有栎叶杜鹃、亮毛杜鹃、糙叶杜鹃、柔毛杜鹃等品种。

一、泸山索玛花

泸山位于邛海西岸，静同海岛，秀如蓬莱，是螺髻山的北支余脉，景区总面积46平方千米，泸山主峰海拔2 317米，东临碧波荡漾的邛海，西濒蜿蜒秀丽的安宁河，北依历史文化名城西昌，南接巍峨雄奇的螺髻山。泸山山峦奇秀，古树参天，是西昌的天然屏障，自古就有"半壁撑霄汉，宁城列画屏"的美誉，林中珍稀动植物种类繁多，有两千余年历史的十大"巴蜀树王"之一的九龙汉柏。从唐代以来，佛、道、儒三教共融一山，被僧道赞为悟道佳山，素有"川南胜境"之称。

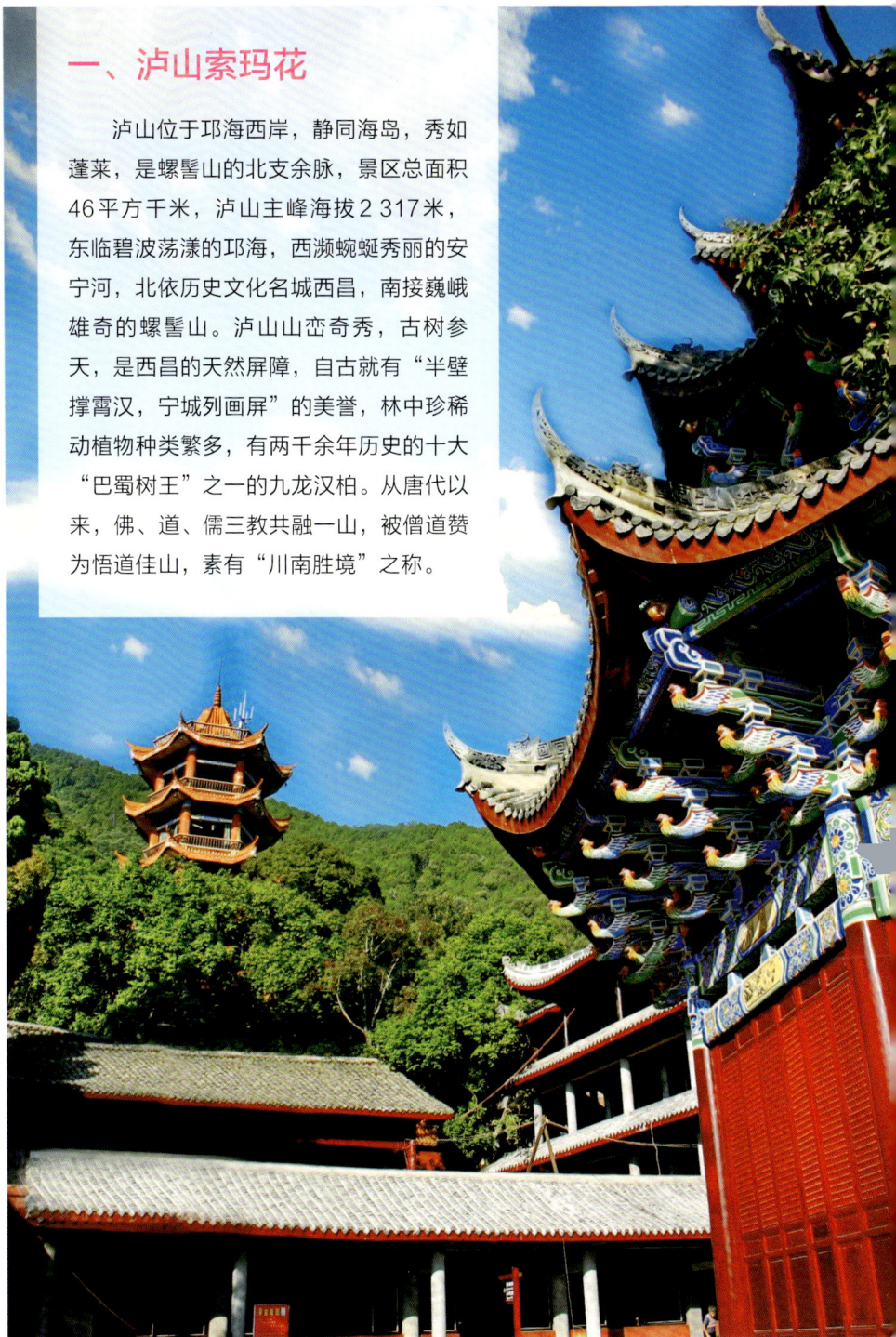

泸山索玛花隐于川南胜境中静静地绽放，不与争春，自有静气。

二、牦牛山索玛花

　　牦牛山上的索玛花大多是紫红色的红棕杜鹃，同时点缀粉白色的吐露着娇艳芬芳的大王杜鹃。在索玛花丛中放牧着一群体型矫健精悍、机巧灵活，善于登山涉水的建昌马。鸟儿和一树树的鲜花相互映衬，一动一静充满了勃勃生气。

位于牦牛山马鞍山乡的沙土村，2021年开展了主题为"索玛花儿别样红 另辟蹊径谋发展"的第二届索玛花展。许多种索玛花在梦里水乡湿地瀛海亭再次亮相，花朵雍容华贵、花球硕大的红珍珠、红粉佳人、至尊、锦缎、红杰克竞相怒放供游人观赏。一抹别样红为湿地春光"景"上添花，向外界展示出马鞍山乡"亮眼"的脱贫方式。马鞍山乡是西昌市最边远的彝族聚居乡之一，位于牦牛山二半山区，海拔落差大，基础设施条件差，产业发展受限。当地干部群众"不等、不靠、不要"，依托自身资源特色优势建立高山索玛花基地，现有规模146亩。如今沙土村已成功脱贫，村民心花怒放，齐心聚力共建美丽幸福乡村。

第三节 德昌县索玛花

　　傈僳风情浓郁的德昌气候较热，凉山大多数地方还未见花开时，这里的索玛花便已怒放。

一、姑姑山索玛花

地处螺髻山西坡的德昌境内的姑姑山，每年3月下旬便已经进入盛花期，红、粉、白、黄的花儿密不透风，繁花似锦，非常壮观。姑姑山距离德昌县城13千米，沿途由几十种不同的索玛花簇拥生长而形成一条观景长廊。在海拔800~1200米均有索玛花分布，成片、相对集中分布的区域主要是海拔2500~3600米的山体中上部，姑姑山的索玛花树高3~5米不等，胸径5~8厘米，或粉或红，缀连成片，美艳缤纷的索玛花，远远望去，漫山遍野，仿佛翻滚的红色海浪，又恰如在夕阳中被染色的云霞。

德昌县姑姑山

二、营盘山杜鹃岭

营盘山杜鹃岭位于德昌县城的西南部，地域海拔3400米左右，长年云雾缭绕，是德昌县境内除螺髻山外，又一大原始森林。德昌营盘山杜鹃岭有着百里花海的气魄，有着多姿多彩的浪漫，有着海阔天空般的大气，也有着小家碧玉般的迷人。登上营盘山山顶，东能看到富饶的安宁河谷，西能看到美丽的雅砻江，向南望去还能看见位于山顶之上的高山风电，为营盘山增添了一道美丽的风景。风车、杜鹃、草地、森林，谱绘出一幅绝世画卷。每年4月是杜鹃花盛开的时候，也是摄影爱好者踏青采风、拍摄花海的最佳时机，来这里的游客可以享受到纷杂生活以外的安逸和宁静。

第四节 会理市索玛花

一、龙肘山索玛花

会理市龙肘山古名玉墟山，为四川省省级风景名胜区，位于会理古城北端，距会理古城约23千米，山峦起伏、森林广袤。龙肘山景区有18平方千米，山体最高峰海拔3 586米。杜鹃林面积达1.1万亩以上，品种多达30多种，其中包括雍容华贵的黄色云锦杜鹃、娇艳多姿的大王杜鹃、素雅圣洁的绿点杜鹃以及长蕊杜鹃、团叶杜鹃、美容杜鹃等名贵品种。

龙肘山最吸引人的自然景观，是被称为万亩索玛林的"玉岭花海"。进入龙肘山，在海拔2 000米左右就随处可见索玛花，并且随山势增高种类越来越多，保持着极为罕见的原始状貌。其典型特征是面广林密，中无杂树，杜鹃由稀疏到稠密，由低矮到高大，成林成片，远近高低全是令人赏心悦目、眼花缭乱的杜鹃花林，色彩缤纷，万紫千红，美不胜收。每年4—5月，龙肘山上的各种杜鹃花次第开放后，游人们便纷至沓来，龙肘山进入旅游的黄金季节。2014年12月16日，在成都召开的四川省生态旅游协会代表大会上，会理市龙肘山景区获"四川十大最美杜鹃花观赏地"称号。

会理索玛花主要分布在龙肘山，会理黄柏—花木梁子。

欣赏完美丽的索玛花，你还可以开车前往会理古城。会理古城建于明初，距今600余年。古城中保存有大量的明清时期的墙垣、城楼、寺庙、会馆、民宅等古建筑，显示着会理深厚的历史文化底蕴。

龙肘山索玛花主要品种有云锦杜鹃、大王杜鹃、绿点杜鹃、团叶杜鹃、美容杜鹃、长蕊杜鹃、亮叶杜鹃、皱皮杜鹃、大叶杜鹃、小叶杜鹃等30余种。

二、黄柏—花木梁子索玛花

　　会理黄柏—花木梁子有近万亩索玛花。杜鹃科植物有大叶杜鹃、小叶杜鹃等30多个品种，分布在海拔2 300～3 000米地带。其中有云锦杜鹃、大王杜鹃、绿点杜鹃、团叶杜鹃、美容杜鹃等名贵品种，花期4-6个月。杜鹃生长在山脊阳坡处，野生杜鹃树为常绿灌木或小乔木，花色繁多，有白色、粉红色、淡红紫色、蔷薇色，色彩斑斓。

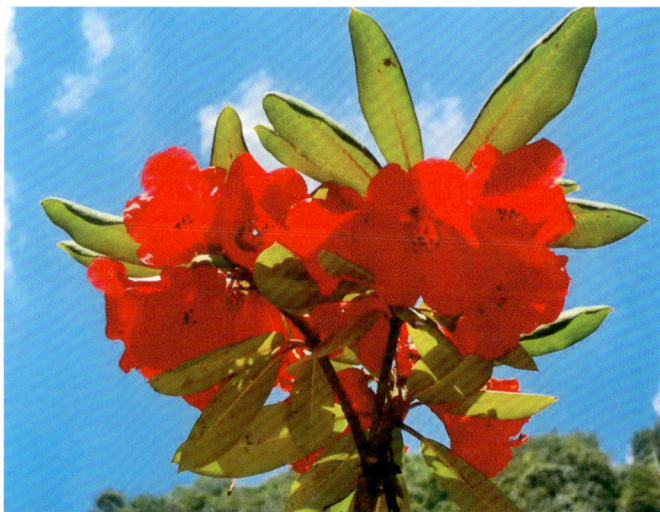

第五节 会东县索玛花

会东地处横断山脉南部褶皱中山切割地带，最高海拔在中南部的紧风口营盘，达3 331米；而最低海拔在东北角的莫家沟与金沙江的汇水处，仅640米。由于特殊的地理位置，每年的3月下旬到6月，会东境内的索玛花依次开放，尽显娇媚和绚烂。

每年3月中旬，山上冰雪融化之际，淌塘镇猪拱地（小地名）的马缨杜鹃就悄悄露出花蕾，渐渐盛开，在山涧、在草甸、在原始密林深处中争相绽放，布满了山冈。5月左右，拉马乡的拉马竹村，漫山遍野的腋花索玛花连成一片，朵朵流霞，开满了一山又一山，坠满了一坡又一坡，在蓝天白云的交相辉映下，显得更加的夺目。

在会东县淌塘镇的一个小山沟里，专家发现了一种世界独有的索玛花品种，生长在混交林和常绿阔叶林，分布在海拔2 800～3 200米的高山上，花期为每年5-6月。这就是稀有的"会东杜鹃"。由于自我繁殖能力极低，从物种保护角度而言，"会东杜鹃"的价值堪与大熊猫媲美，被称为"杜鹃中的大熊猫"。

"会东杜鹃"具有与众不同的特点，花序总状伞形，看似一朵花，花里又能开出多朵小花。这种"花中花"属灌木，看起来十分漂亮，仅产于会东县，高约2.5米，花期5-6月，经调查总数仅200余株。"会东杜鹃"所在地淌塘镇地处会东县东南方金沙江畔，区域内大川大水、奇花异树，组成极为丰富的旅游资源。

第六节 宁南县索玛花

　　宁南县适宜索玛花生长的地域主要分布在海拔2 300～3 000米的高山林区。野生索玛花区域大约有18 300亩，花期集中在3-6月，主要品种有云锦杜鹃、大王杜鹃、绿点杜鹃、团叶杜鹃、美容杜鹃、长蕊杜鹃等10多种，花色有20种左右，其中成片面积在1 000亩以上的有梁子乡鲁南山牧场、葫芦口片区、后山林场、稻谷乡牧场。

第七节 普格县索玛花

　　普格县索玛花主要分布在普格县螺髻山、日都迪撒、海口高原牧场。

　　普格县螺髻山索玛花集中分布区面积达10万亩，海拔2 500～4 100米，或集中成片，或零星分布于冷云杉林下。日都迪撒索玛花集中分布区面积15万亩，海拔2 000～3 600米，或集中分布，或零星长于林下，花期3-7月。而海口高原牧场的索玛花最为娇艳。

　　海口高原牧场位于螺髻山南段，彝语称"日史博肯"，意为有水的草地，因大槽河峡谷将其与主要风景区隔断，故称为"海口"。海拔2 100～3 650米，四面环山，形成天然盆地，盆地西南有一高山湖泊，呈东西走向，东高西低，东西长约1 000米，南北宽约350米，形如弦月，镶嵌在海口高原之上，皓映碧空。牧场可牧总面积达11.43万亩，为普格县与德昌县共有。牧草繁茂，水源丰富，牦牛、羊儿成群在湖边生息，与湖鱼相映成趣。索玛花观赏面积达8.5万亩。以高原海子为核心的牧场周边，红棕杜鹃、大白杜鹃、露珠杜鹃、腋花杜鹃、普格杜鹃、棕背杜鹃、毛脉杜鹃、锈红杜鹃、油叶杜鹃、皱皮杜鹃、漏斗杜鹃、宽叶杜鹃竞相绽放，秀丽多姿。而不为大多数游人所知的是，环抱海子周边的群山之巅，还深藏着大杜鹃林海。那里的大杜鹃，一样会绽放清秀雅致的各色杜鹃花朵。

普格县主要索玛花品种有：红棕杜鹃、大白杜鹃、露珠杜鹃、腋花杜鹃、宽叶杜鹃等十余种。

每年4月的山脊上，春日的冰雪尚未完全消融，而一丛丛、一树树高山杜鹃就在茸茸的草甸之上如期绽放，美得让人窒息。

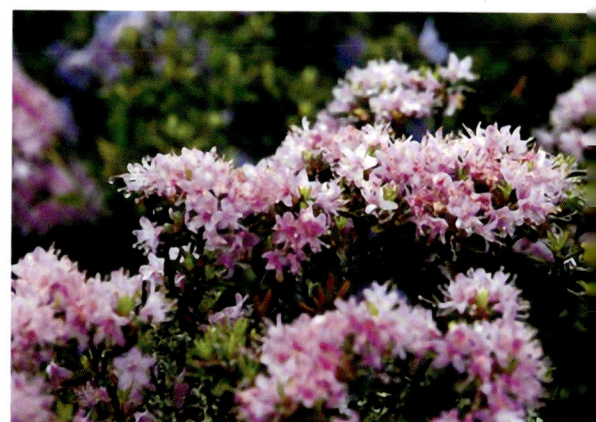

第八节 布拖县索玛花

　　布拖索玛花分布区域为乌科牧场、吉留秀、马衣包、洛日博、柳口五个区域。高海拔地区气候寒冷，植被以杜索玛花为主，成灌丛状集中连片分布。区域规模总面积126 223亩，其中：索玛花分布面积67 319亩，主要是腋花杜鹃、大白杜鹃、山育杜鹃、大王杜鹃等。分布均在山体上部，海拔2 800～3 800米。每年4-6月，是乌科梁子索玛花盛开的季节，各类索玛花从低山到高山次第开放，沿着山势铺开盛放，绚烂缤纷，繁华大气。满山盛开的索玛花在明媚的阳光下，引得蜜蜂嗡吟，彩蝶飞舞，花香扑鼻，蔚为壮观，令人陶醉。大美的自然风光，让人心旷神怡。走进万亩索玛花海，游客可感受繁花营造的花季浪漫，领略乌科高原独特的魅力风光；抑或选择高原花海野餐，品尝彝家美食。同时，还可参与传统阿都山歌对唱、阿都服饰、朵乐荷表演、赛马、斗牛、摔跤等彝族传统文化活动。

第九节 昭觉县索玛花

一、谷克德索玛花

谷克德是四川的省级湿地公园，位于昭觉县尼地乡、碗厂乡境内，海拔2 900～3 400米。在这里有着"不到昭觉不算到凉山、不到谷克德不算到昭觉"的说法，高山、湖泊、草甸、沼泽湿地、索玛花海、原始森林、众多珍贵的两栖类和爬行类动物等，将这里构筑成独特的"世外桃源"。这里海拔3 000余米，有3万余亩的草场，水草丰美。野生索玛花分布于尼地乡、解放乡、碗厂乡三个乡的洼里洛村、撵孜村、解放村、西洛村四个村境内，海拔3 000～3 200米。区域总面积25 000亩，索玛花分布面积17 500亩。

索玛花品种有大白杜鹃、密枝杜鹃、南方雪层杜鹃等十余个品种。

每到3-6月，这里的索玛花便依次开放，或红或白或紫，要么点缀于云南松林间，要么成片成批地生长于山地、草坡，十分赏心悦目，引得游客纷纷停车驻足，拍照留念。

这里天高云淡，山花烂漫。牛羊成群穿行于索玛花海之间悠闲自得，不时有马儿奔腾嬉戏，发出的嘶鸣和马蹄声，让这宛如仙境的云端牧场增添了生动的气息。

每年春天，谷克德总会迎来成群结队的游客，人们争相到这里来，就是为了一睹索玛花开的盛况。驾车从西昌出发，往昭觉方向行车一小时，在苍松翠柏之间的307省道虽然蜿蜒曲折，路却非常好，约40千米就到了谷克德。这里海拔3 500米。起伏的山冈中间围绕着一处平坦宽阔的高山草甸。一片片、一团团的索玛花，犹如在碧绿的绒毯上面精致地织就了一团团姹紫嫣红的花朵，其中又点缀着一群群活泼的牛羊和马儿，美丽得像是一个梦境。还有各种小鸟在花丛中歌唱，为这个梦境添加了天籁。然而这些自然的生灵不知道这里有多美，它们只知道这里是它们世世代代繁衍生息的家园。

生长在这里的索玛花主要有相对高大一些的乔木和低矮的灌木。其中，乔木杜鹃以白色、粉红偏多，有大王杜鹃、红棕杜鹃、大白杜鹃等；灌木杜鹃主要是高山杜鹃，有小叶杜鹃、腋花杜鹃、毛肋杜鹃、密枝杜鹃、皱皮杜鹃等品种。花朵大多是蓝色和紫色，也有一些粉红的。这里的索玛花繁花似锦，铺天盖地，大自然的调色板在这里调出了既多彩又和谐的美丽。

二、绽放在南丝绸之路上的索玛花——博什瓦黑岩画

1981年，在南丝绸之路古道旁的四川省凉山彝族聚居区博什瓦黑发现了距今约1 200年的大型密宗石刻造像群，规模宏伟，内容丰富，雕刻精美，堪称我国古代艺术宝库中的一颗璀璨明珠——博什瓦黑岩画。

从邛都（今西昌）出发，穿越在唐时越巂郡与南诏的古商道上，青山如黛，北向登上尔乌山麓，俯瞰邛海，像一面碧玉在群山的怀抱中熠熠生辉。穿过垭口南丝绸之路便沿着一条小溪，在青山翠谷中蜿蜒前行，时而穿过草甸，时而穿过长满了索玛花的山谷，时而跨过小河，修行的高僧目光落在博什瓦黑山南麓路旁的一块块巨石上，于是在古道旁的巨石上刻上岩画，弘扬佛法。博什瓦黑山彝语为"岩洞边的石刻画像"之意。

博什瓦黑东距昭觉县城63千米，西离西昌市区46千米。博什瓦黑石刻岩画掩映在松树林和索玛花林中的海拔2 700米处，重点保护区占地44.28亩，画面面积440平方米。画像在16块天然巨大的岩壁上阴刻19组27幅，最大的一块顶部面积为198平方米。

据专家研究，唐朝末年大小凉山并入南诏大理国置建昌府，画像主要展示的是南诏大理时期佛教的繁荣景象，有释迦牟尼、大威明王、大日如来、观世音菩萨、文殊菩萨、天王等佛教神像。

岩画总计有27幅，其中神佛像47尊，世俗人物15尊，佛塔2座，禽兽25个。这批岩画，规模宏大、气势磅礴；描绘逼真、入木三分；形象生动、风格各异；画面宏伟、国内罕见。其中王者出行图和彝族毕摩的出现实为独特，有待进一步研究。总之，用阴线刻造的博什瓦黑石刻岩画，画像众多，画面宏伟，画幅之大，是迄今摩崖石刻画像中少见的。特别是在凉山彝族地区，发现这样大型的密宗摩崖造像，对了解当地历史、佛教的传播以及古代民族关系提供了新的史料，也对地方史志、民族史、宗教史和艺术史的研究提供了新的材料，具有较高的科学价值。

博什瓦黑岩画与南诏腹地（云南大理）的南诏重要文物"南诏德化碑""崇胜寺三塔""剑川石窟"具有同等的历史地位。1991年，四川省政府公布博什瓦黑岩画为四川省文物保护单位。2006年，博什瓦黑岩画被国务院批准列入第六批全国文物保护单位名单。据专家研究，凉山地区曾经也是唐宋时期中原内地通往云南和南洋的"南方丝绸之路"的通道之一。南诏国与唐王朝关系密切，因此，那里受汉文化的影响是比较深的，特别是南诏国王任用汉族人郑回为清平官，更加促进了彝汉文化的交流。博什瓦黑岩画正是这方面的活化石。

从博什瓦黑巨石处往下面的山谷中看，两条清澈的山溪各自在石块之间穿行，最后在那碧绿的山谷里交汇，各种树木竞相生长，各种野花竞相开放，展示出勃勃生机。沿着古道，一座晃晃悠悠的小木桥，不时有彝民从桥上经过。他们朴实的面容上绽开着对生活无比满足、和悦幸福的笑容。

山冈上绿树丛中一丛丛的洁白，或者粉红，或者紫色，这些就是正在盛放的索玛花。这里的索玛花品种丰富，有大王杜鹃、红棕杜鹃、猴头杜鹃、金山杜鹃、锦叶杜鹃、腋花杜鹃等多个品种。一路向东，在山顶与山顶之间无数巨大的电塔支撑起西电东输工程。电塔下面却是密集生长的色彩艳丽的索玛花，将一个个钢筋铁骨的大铁塔衬托得格外的雄伟。

这里是一处位于大山深处的秘境。在那遥远的年代，曾经有兼具文化多样性的高僧在这里修行，创造出了大规模的摩崖石刻。在这亘古的隐秘空间中，不同时期的人们的智慧在这里交汇，古道和岩画是从历史深处盛开的文明之花，国道和国家电网是今天人们的智慧之花，都是人类创造力的花朵。而美丽的索玛花掩映着古老苍凉的岩画，串联起神秘艰险的古道，又托起宏伟的电力工程。历史与现实在这里交汇，彝汉文化在这里交融。

舞台剧《我呼吸——博什瓦黑》于2017年5月18日在四川人民艺术剧院首演，并走出国门，在法国、韩国等国演出。斑驳的石刻岩画，镌刻着神秘的南诏故事，古老的岩画石刻迸发出的民族文化创作灵感，必将传递更多南丝绸之路上的博什瓦黑的故事。

除谷克德外，昭觉索玛花规模化分布区域有日哈和特口甲古两处。日哈索玛花面积24 000亩。海拔3 000～3 200米。与悬崖村紧邻。品种有大白杜鹃、腋花杜鹃、高尚大白杜鹃、山育杜鹃、雪层杜鹃。

第十节 金阳县百草坡索玛花

　　金阳县百草坡，彝语叫"依哈维觉"，意为水好草好的大草坡，是四川省级自然保护区。漫山遍野的野生索玛花竞相绽放，把大山装扮得五彩缤纷，吸引了大批游客前往赏花观景。

金阳县百草坡省级自然保护区有50多种索玛花，面积10余万亩。金阳百草坡位于四川省西南部凉山彝族自治州东部边缘的金阳县境内，地理坐标介于东经103°04′30″~103°26′06″，北纬27°48′28″~27°57′36″。南北长17千米，东西宽35千米，面积为23 512.4公顷。区内海拔最高处为狮子山达4 076.5米，最低处为金阳河和尼依达沟的交汇处海拔仅1 350米，相对高差达2 726.5米。野生索玛花分布区总面积达19万亩，分布在海拔2 400~3 540米处。花期4-6月。金阳百草坡是野生品种最为集中、最为漂亮壮观、规模最为宏大的索玛花观赏地。有常绿大乔木、小乔木，常绿或落叶灌木。有的呈匍匐状、垫状或附生类型，高仅10~20厘米；有的亭亭玉立，有的含苞待放，争奇斗艳，竞相开放，尽展风姿；有的白得像雪，有的红得像火；有的金灿灿，有的粉嘟嘟……在绿叶的衬托下，更显妩媚。主要品种有大白花杜鹃、高尚大白杜鹃、大王杜鹃、毛肋杜鹃、乳黄杜鹃、灰背杜鹃、山育杜鹃、腋花杜鹃、千里香杜鹃、光亮杜鹃、紫丁杜鹃等。最佳观赏期为5月中旬。自2006年5月金阳县举办"中国·四川·首届金阳索玛花节"，至今已连续举办了五届，索玛花文化旅游节，让金阳索玛花闻名遐迩。

作为"四川十大最美花卉观赏地"之一，金阳县索玛花海景区因绵延数十万余亩不同品种索玛花而得名，现有56个索玛花品种分布于整个景区，乔木、灌木层层叠叠、错落有致，有的高达10多米，枝干遒劲，根须裸露，花朵遮天盖地挤满枝头；有的枝干扭曲，似巧夺天工的盆景；有的高不到10厘米，娇小玲珑，成簇成片。

金阳索玛花文化旅游节活动现场展示了多姿多彩的沙玛服饰，进行了毕摩祭祀花神仪式和独具金阳地方特色的民俗文化歌舞演出。游客来金阳领略沙玛服饰，赏十万亩索玛花海，品彝家最美风情，推动了金阳县文化旅游产业发展，促进地方特色农文产品推广，引导贫困户自主创业。与此同时，又充分展示了金阳浓郁的民族风情、秀丽的自然风光。

第十一节 雷波县索玛花

马湖风景如画。姹紫嫣红的索玛花，点缀着充满绿意的高山草甸，千姿百态，争奇斗艳。

一、雷波林场索玛花

雷波林业局213林场，地理位置为东经103°32′14″～103°34′08″，北纬28°21′19″～28°22′47″，这里的索玛花资源分布在海拔1000～2100米地带，总面积7485亩。213林场野生杜鹃在呈连续带状的区域分布，种类主要为尾叶杜鹃、腺果杜鹃、尖叶美容杜鹃、长蕊杜鹃、粗脉杜鹃、黄花杜鹃、雷波杜鹃等品种。

索玛花生长在向阳的岩边、山地林中、灌丛中、常绿阔叶林下、冷杉林下和阴山灌丛林带。索玛花树为常绿灌木或小乔木，花色繁多，有深红色、紫红色、粉红色、雪青色、白色、淡红紫色、淡黄色或黄白色。

二、麻咪泽自然保护区索玛花

　　四川麻咪泽自然保护区位于四川盆地西南边缘，凉山州雷波县的谷堆、长河、拉咪乡境内，雷波县城西北94千米处，总面积3.88万公顷，是以大熊猫、四川鹧鸪等珍稀野生动物及其栖息地生态环境为主要保护对象的野生生物类型的自然保护区。该区域是全世界25个生物多样性热点地区之一的中国横断山脉的重要组成部分，同时也是中国大熊猫地理分布区的最南端，区域内保存有世界同纬度少有的常绿阔叶原始森林，对保护生物多样性和保护人类生存环境具有重要意义。保护区内地势西高东低，最低海拔1 130米，主峰最高海拔3 961米，气候垂直分带，从低至高依次为低山温暖气候带、中山下部温湿气候带、中山上部冷湿气候带、山顶高寒湿润气候带。植被垂直分布明显，从下到上分为人工林、山地落叶灌丛、山地常绿针叶林、山地落叶阔叶林和亚高山草甸带。索玛花主要分布于海拔2 000～3 600米区域内，品种有问客杜鹃、银叶杜鹃、峨眉银叶、毛肋杜鹃、星毛杜鹃、美容杜鹃、尖叶美容杜鹃、粗脉杜鹃等50余种。有的生长于冷云杉林下，有的生长于悬崖，有的生长于坡地，或零星或成片。从附生到垫状到灌木到小乔木，或红或白或紫或黄或粉，十分绚丽多姿。

第十二节 美姑县索玛花

　　美姑县位于四川省西南部，凉山州东北部。美姑索玛花主要分布于黄茅埂—大风顶自然保护区内，面积11万亩。集中分布于海拔2 900～3 780米范围内。花期4-6月。花色主要有红色、白色、粉色以及紫色等。主要品种有大白杜鹃、腋花杜鹃、高尚大白杜鹃、山育杜鹃、南方雪层杜鹃等。

一、大风顶索玛花

盛夏时节，大风顶的各种索玛花从河谷到山顶依次争艳绽放，小的花树不及腰高，花朵也小，白里带紫，紫中透红，花团锦簇，紧紧相依；大的花树需抬头仰望，花朵也大，红似火，白如雪，粉若桃花，将大风顶的山山岭岭装点成索玛花的世界。大风顶的最美花期，为每年的5月中旬至6月中旬。

大风顶还是大熊猫凉山山系种群的集中分布区和腹心区，它与马边大风顶、越西申果庄、甘洛马鞍山、峨边黑竹沟自然保护区毗邻，构成了凉山山系大熊猫保护网络，在凉山山系的大熊猫及生物多样性保护上具有不可替代的地位，具有典型的代表性。

二、黄茅埂索玛花

　　黄茅埂的索玛花远近闻名，每当春暖花开、万物复苏时，黄茅埂的井叶特西、西甘萨、合姑洛等地，无论是在河谷、山腰、山头，还是牧场、地边、草甸，美丽的索玛花一片一片铺在山坡上。特别是站在远处眺望，迎着和煦的山风，成片的索玛花犹如翻腾的花海，散发着醉人的花香，为黄茅埂增添了一道道亮丽的风景。

第十三节 甘洛县索玛花

甘洛县索玛花多分布在中高山地带，有大槽沟、竹马垭口、抢人冈、磨房沟分布区，总面积2 2000亩。花期4—6月，花色有白、红、粉红等。区域内索玛花品种有大白杜鹃、灰背杜鹃、棕背杜鹃等。

第十四节 越西县索玛花

　　越西县索玛花规模化分布于猫儿山、瓦吉木梁子、申果庄保护区，面积达7万多亩。雾起时含粉带露，雨打处随风飘零，春色不胜娇羞时，要留芳菲在乾坤。

　　猫儿山8 000亩，海拔2 200～2 700米。索玛花成片分布且成纯林状，盖度达80%。花期4-6月。主要品种为大白杜鹃、腋花杜鹃等，涉及3个乡镇。

　　瓦吉木梁子20 000亩，海拔2 300～3 000米。索玛花生长于林下、灌丛或草坡，或成片或零星，或红或白或粉。花期4-6月。品种有大白杜鹃、腋花杜鹃、高尚大白杜鹃等，涉及3个乡。

　　申果庄保护区40 000亩，海拔3 000～3 800米。索玛花或生长于冷云杉林下或灌木丛中或草坡，或成片或零星，或红或白或粉。花期4-6月。品种有大白杜鹃、腋花杜鹃、高尚大白杜鹃、大王杜鹃等。

第十五节 喜德县索玛花

　　小相岭彝语称为"俄尔者峨"，意为神龙出没的冰雪之峰。小相岭位于冕宁、喜德、越西3县交界处，属大雪山支脉，距州府西昌80千米。山势险峻，岩石裸露，生态植被好；冰川湖泊星罗棋布，古冰川遗迹明显。

　　西汉时司马相如于此"通零关道，桥孙水"；三国时诸葛亮南征小相岭与孟获激战后书"今日山头"四字碑于主峰；《马可·波罗游记》中记载有小相岭雄关漫道；红军长征时左权、刘亚楼带千余红军过小相岭。已经历了沧桑岁月的小相岭，如今正掀开美丽的面纱，向世人敞开怀抱。

　　小相岭景区总面积115平方千米，海拔从1 988米延伸至4 500米的俄尔者峨主峰，是一处集自然生态、历史景观与科考探险于一体的风景名胜区。在第四纪冰川运动的作用下形成的巨大冰斗与漂砾和星罗棋布的冰斗湖、冰川刻槽，使小相岭的地形地貌千奇百怪，危崖峭石如斧削刀琢，似禽似兽，栩栩如生。在它的东面有古南方丝绸之路（零关古道）著名的登相云、九盘云古驿站，西面有著名的灵山古刹；围绕在主峰的高山海子大大小小有20多个，以连三海、九海、黑海、红海、歪海出名，所有的海子都在海拔3 600～4 000米。4 000米以下是茂密的原始森林和索玛花、冷杉，还有各种各样的奇花异草，这里是野生动物的栖息地。靠近主峰的地方沟壑纵横，地形极为复杂，风化严重且陡峭。区域内有索玛花21 750亩。

　　俄尔者峨索玛花观赏区内云雾缭绕、怪石嶙峋、小溪潺潺，并以红海、九连海等高山湖泊而闻名。区域内喜德部分略显干燥，而越西、冕宁区域终日雨雾居多。俄尔者峨是观云海、看日出、欣赏冰川遗迹的绝佳之地。索玛花主要分布于海拔2 500～4 100米区域内。要么隐于冷杉林下，要么长于悬崖峭壁，或成片或单株，或高或低或蛰伏，或在阳光下竞相怒放，或在雨雾中娇艳欲滴，或红或白或紫或黄，尽显魅力。这里是摄影者的福地，也是驴友的绝佳选择。6月是俄尔者峨观赏索玛花的最佳季节。

小相岭索玛花有近30种，每年4-6月，漫山遍野的索玛花相继开放，浩如烟海的索玛花形成了五彩斑斓的花海，红的、白的、黄的、紫红的、粉红的……姹紫嫣红、繁花似锦，万亩索玛花海聚集在此绚丽绽放，让人感到生命的朝气活力和蓬勃张力。盛花时节，漫山遍野，花海如潮。

这里的索玛花主要品种有大白花杜鹃、钟花杜鹃、金黄杜鹃等十余种。

第十六节 冕宁县索玛花

以彝海结盟、灵山古寺闻名的冕宁县，索玛花规模化分布区域海拔2 400~3 900米。除小相岭外，县境内还有踩马姑、倒流水、牦牛山3个规模化分布区。花期4-7月。成片状或零星分布，或生于林间或长于山坡、草地，或与灌木相间。

踩马姑和倒流水位于冶勒自然保护区内。

踩马姑：索玛花种类主要为大白杜鹃、星毛杜鹃和毛叶杜鹃，面积2 000亩，花色红色、白色、粉色，少数为黄色，花期5-7月。

倒流水：索玛花种类主要为大白杜鹃、星毛杜鹃和毛叶杜鹃，面积1 500亩，花色红色、白色、粉色，少数为黄色，花期5-7月。

牦牛山：索玛花主要分布在森荣乡嘎五村至麦地沟乡软心沟村，种类有亮叶杜鹃、小叶杜鹃、毛叶杜鹃，面积1 200亩。花色红色、白色、粉色，少数为黄色。花期4-6月，海拔3 000~3 200米，涉及森荣乡、麦地沟乡。

第十七节 盐源县索玛花

　　阳春三月，在环绕盐源盆地的群山之上，数不胜数的索玛花相继绽放，或独傲寒霜，或挺立悬崖，或铺满草甸，或掩映在松涛之下。花期4-6月。分布于盐源右所乡后龙山、黄草镇菩萨山、右所乡野猪凼以及卫城镇树河镇（大哨垭口），花海面积达到十余万亩。以菩萨山为核心，生长在海拔2 300～4 000米，其特点为成片状，中无杂树，主要品种有亮叶杜鹃、大白杜鹃、腋花杜鹃、糙叶杜鹃、粉背碎米花等，被称为世界上面积最大的野生索玛花基地。举目远眺，蓝天丽日下，索玛花开若狂，胭红万朵，千层连绵，云起时云蒸霞蔚，日落处蔓延山野。

堆红砌翠，怡红快绿；落雪无痕，花开有声。瑞雪覆盖下，含苞怒放的索玛花更显圣洁娇艳。

第十八节 木里县索玛花

　　20世纪20年代，一位叫洛克的美国人多次深入木里，后在美国《国家地理》上发表了《中国黄教喇嘛木里王国》等文章，让外面的人知晓了木里。作为植物学家的他，众多的索玛花也是吸引他进入木里的原因之一。他称这里是"上帝浏览的花园"，也与当地索玛花多有关。后来英国作家希尔顿根据其描述木里的文章为原型，写了一篇小说叫《消失的地平线》，那个仙境一般的地方被称作"香格里拉"。

每年五月，木里便是索玛花的世界，是各色鲜花的海洋。木里索玛花有20多个品种，从海拔2 000米的二半山到海拔4 000米的高山峻岭都会看到一丛丛、一簇簇、一片片的索玛花，或含苞待放，或蓓蕾初绽，或恣意盛开。你看那悬崖峭壁上怒放的索玛花在微风中向你点头致意，拍手欢迎；那杉林深处的索玛花，犹抱琵琶半遮面，像含羞的少女，悄然开放，隐藏不露，然而毕竟外面的世界太精彩，偶尔伸头偷窥外面精彩时，不想也显露了自己的青春芳华；那草原上盈盈展眉的丛丛索玛花，悠然开放，怡然自得，给大地增加一点色彩，给山川增加一抹生机。道路两边的索玛花，像迎来送往的仪仗队，从蓓蕾初开到繁花怒放，受尽路人的赞赏之词，也回报给路人一片温馨，一丝快慰！木里的索玛花有红、有粉、有紫、有黄、有白，更有红紫同树、粉紫一棵的，令人感到大自然的神奇。红的开得热烈奔放，激情似火；紫的开得高雅艳丽，顾盼生辉；粉的柔情似水，秀色温馨；黄的高贵堂皇，心动神想；白的洁净纯情，诸烦皆忘……大的花径尺许，小的花瓣盈寸。五月的树林中，山冈头，草原上笼罩着一股馥郁的花馨，醉人的甜蜜。

长海子也叫"寸冬海子"，是木里县最大的高山湖泊，位于木里县城西北部海拔3 404米的康坞山顶，距县城35千米，面积为5 000多亩，是高原积水湖泊。海子呈南北走向，四面环山，山上森林茂密，绿草成茵，古木参天。这里山环绕着水、水倒映着山，形成了山中有水、水中有山的奇特景观。春夏秋冬四季，景色各异，各具特色。春季满目苍翠，一片生机盎然；盛夏时节，蓝天白云、山峦湖畔，各色野花、索玛花竞相怒放，草木索玛争奇斗艳，姹紫嫣红。

陇撒牧场——玛娜茶金观景平台是洛克当年探险考察核心区域，也是香格里拉的核心区域，地处云南中甸与甘孜稻城之间。陇撒牧场是木里县高原牧场。5月底至6月初，白色、紫色的大小高山索玛花竞相绽放，眼力所到，亦花亦山，花就是山，山就是花。

巴丁拉姆自然保护区是香格里拉的核心区之一，这里原始林区树木参天，索玛花与蓝天白云相互辉映更显神秘。该区域索玛花观赏面积11万亩，主要品种有木里多色杜鹃、大白杜鹃等。

枯鲁杜鹃：灌木，幼枝密被腺头刚毛，叶革质，卵形至披针形或椭圆形。花序疏松，有花6~8朵，总轴长5毫米，花冠漏斗状钟形，长3.5~5厘米，淡粉红色，具紫红色的斑点。蒴果长20毫米，直径4毫米，弯曲。花、果期不明。生于海拔3 350~3 550米的松林中。

枯鲁杜鹃的发现具有传奇性。1929年9月，美国植物学家洛克在四川西南部的枯鲁山区采到一份杜鹃标本，但未命名。直到1953年，该标本被作为粘毛杜鹃的变种发表；后于1978年被提升为种，中文名为枯鲁杜鹃。在2013年中国环境保护部和中国科学院联合发布的《中国生物多样性红色名录·高等植物卷》和覃海宁等（2017）发表的《中国高等植物红色名录》里，枯鲁杜鹃均被评估为野外灭绝（EW）。自1929年以后，中国数字植物标本馆仅有2008年采自四川省凉山州普格县螺髻山的"疑似枯鲁杜鹃"标本记录。2020年5月，中国科研人员在野外考察过程中重新发现已被宣布野外灭绝的枯鲁杜鹃。由于目前仅发现一株，亟须进行"地毯式"调查和抢救性保护。

第三章
凉山州索玛花之属

从分类学上看，凉山州野生索玛花120多种（含亚种、变种等），分属杜鹃属的杜鹃亚属、常绿杜鹃亚属、映山红亚属、糙叶杜鹃亚属、迎红杜鹃亚属等6个亚属。

落叶灌木，高2～5米；花2～6朵簇生枝顶；花色呈玫瑰色、鲜红色或暗红色。花期4—5月，果期6—8月。

生长于海拔500～2500米的山地疏灌丛或松林下，分布于江苏、安徽、浙江、江西、福建、台湾、湖北、湖南、广东、广西、四川、贵州和云南。凉山州盛产。

雪层杜鹃

雪层杜鹃（原亚种）

北方雪层杜鹃（亚种）

南方雪层杜鹃（亚种）

凉山州野生索玛花花卉名录

一、雪层杜鹃

雪层杜鹃（*Rhododendron nivale* Hook. f.）杜鹃花科杜鹃花亚科杜鹃属杜鹃亚属高山杜鹃亚组

常绿小灌木，分枝多而稠密，常平卧呈垫状。蒴果圆形至卵圆形，被鳞片。花色呈粉红、丁香紫至鲜紫色。主要分布于中国西藏、尼泊尔、印度、不丹。凉山州亦有分布。因其花长得美丽，具有栽培和园艺价值。

1.雪层杜鹃（原亚种）

Rhododendron nivale Hook.f.subsp.*Nivale*

常绿小灌木，分枝多而稠密，常平卧呈垫状。花期5—8月，果期8—9月。

生长于海拔3 200～5 800米的高山灌丛、冰川谷地、草甸。

2.北方雪层杜鹃（亚种）

Rhododendron nivale Hook.f.subsp.*boreale*

该亚种与原亚种的区别为花萼较小，退化或短于2毫米；叶顶端圆钝，具小突尖，叶下面两色鳞片为红褐色；花柱稍短于雄蕊。花期5—7月，果期8—9月。

3.南方雪层杜鹃（亚种）

Rhododendron nivale Hook. f. subsp. *australe* Philip. et M. N. Philip

该亚种与原亚种不同在于植株常较直立；叶顶端锐尖，下面两色鳞片较不匀称；花萼裂片较狭，被明显的缘毛及少数鳞片。

生长于山坡灌丛草地、高山草甸、高山沼泽、湖泊岸边或林缘。花呈粉红、丁香紫至鲜紫色。花期7月。凉山州内产于木里。

二、金黄杜鹃

金黄杜鹃（*Rhododendron rupicola* var. *chryseum*）杜鹃花科杜鹃属杜鹃亚属杜鹃组高山杜鹃亚组多色杜鹃变种

花色呈黄色。花期6月，果期7—9月。生长于岩坡、杜鹃灌丛、冷杉林缘，常与原变种混生，分布于四川、云南、西藏。缅甸东北部也有。凉山州内产于喜德、越西。

金黄杜鹃

三、光亮杜鹃

光亮杜鹃（*Rhododendron nitidulum* Rehd. et Wils.）杜鹃花科杜鹃属杜鹃亚属杜鹃组高山杜鹃亚组

常绿小灌木，平卧或直立，高0.2～1米。分枝繁多，短而粗壮。花色呈蔷薇淡紫色至蓝紫色。花期5—6月，果期10—11月。生长于海拔3 200～5 000米的高山草甸、河沿。分布于青海东部、四川西部和西北部。凉山州内产于普格、越西、喜德。

光亮杜鹃

四、千里香杜鹃

千里香杜鹃（*Rhododendron thymifolium* Maxim.）杜鹃花科杜鹃花亚科杜鹃属杜鹃亚属高山杜鹃亚组

常绿直立小灌木，高0.3～1.3米。花冠宽漏斗状，花色呈鲜紫蓝以至深紫色。花期5—7月，果期9—10月。

生长于海拔2 400～4 800米的湿润阴坡或半阴坡、林缘或高山灌丛中。分布于甘肃、青海、四川北部及西北部。凉山州内产于西昌、木里、昭觉、金阳。

千里香杜鹃

五、紫丁杜鹃

紫丁杜鹃（*Rhododendron violaceum* Rehd. et Wils.）杜鹃花科杜鹃属杜鹃亚属杜鹃组高山杜鹃亚组光亮杜鹃种

常绿小灌木，高达1米左右。分枝多而密；小枝短，挺直，有鳞片；叶芽鳞早落。花冠宽漏斗状。花色呈紫蓝色，花期6—10月。

生长于海拔3 800～4 200米的湿草原。分布于四川西部。凉山州内产于金阳、冕宁、木里、昭觉。

紫丁杜鹃

密枝杜鹃

灰背杜鹃

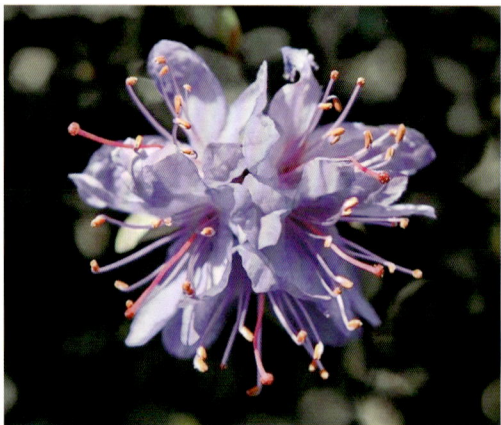

灰背杜鹃（原变种）

六、密枝杜鹃

密枝杜鹃（*Rhododendron fastigiatum* Franch.）杜鹃花科杜鹃属杜鹃亚属杜鹃组高山杜鹃亚组

常绿灌木，高0.8～1米。分枝稠密，常呈垫状或平卧。花序顶生，伞形总状，有花3～5朵；花冠宽漏斗状，长1～1.5厘米，花色呈紫蓝色或鲜淡紫红色。蒴果卵圆形。花期5—6月，果期8—9月。

生长于海拔3 000～4 500米的岩坡、峭壁、高山砾石草地、石山灌丛、杜鹃灌丛或偶见于松林下。分布于青海、四川、云南西北部及中部。凉山州内产于昭觉。

七、灰背杜鹃

灰背杜鹃（*Rhododendron hippophaeoides* Balf. f. et W. W. Smith）杜鹃花科杜鹃属杜鹃亚属杜鹃组高山杜鹃亚组

常绿小灌木，高0.25～1米。伞形总状，有花4～7朵；花冠宽漏斗状，长1～1.3厘米，花色呈鲜玫瑰色、淡紫色至蓝紫色，少有白色。蒴果狭卵形，密被鳞片。花期5—6月，果期10月。

生长于松林、云杉林下，林内湿草地及高山杜鹃灌丛、灌丛草甸，分布于四川和云南。凉山州内产于金阳百草坡。

1.灰背杜鹃（原变种）

Rhododendron hippophaeoides Balf. f. et W. W. Smith var. *Hippophaeoides*

生长于海拔2 400～4 800米的松林、云杉林下、林内湿草地及高山杜鹃灌丛、灌丛草甸。分布于四川西南部、云南西北部。凉山州内亦有分布。

2.长柱灰背杜鹃（变种）

Rhododendron hippophaeoides Balf. f. et W. W. Smith var. *occidentale* Philipson et M. N. Philipson

该变种与原变种的不同在于花柱长，长达13～16毫米，纤细；花序多花；叶狭窄而较小，鳞片较少。花期6月。

生长于海拔3 500～4 250米石坡或高山草坡。分布于云南西北部及中部。凉山州内亦有分布。

八、高山杜鹃（新拟）小叶杜鹃

高山杜鹃（新拟）小叶杜鹃（*Rhododendron parvifolium Adams*）杜鹃花科杜鹃属杜鹃亚属杜鹃组高山杜鹃亚组多色杜鹃种

常绿小灌木，高0.5～1.0米。可做药材，又名"黑香柴"。花序顶生，伞形，有花2～6朵；花冠宽漏斗状，长6.5～16毫米，花色呈淡紫蔷薇色至紫色，罕为白色。花期5—7月，果期9—10月。

生长于海拔2 500～3 600米的高山草原、灌丛林或杂木林中。分布于陕西南部、甘肃、青海、四川、云南等地。凉山州内产自冕宁、昭觉、美姑。

九、木里多色杜鹃

木里多色杜鹃〔*Rhododendron rupicola W. W. Smith var. muliense*（Balf. f. et Forrest）Philip. et M. N. Philip.〕杜鹃花科杜鹃属杜鹃亚属杜鹃组高山杜鹃亚组多色杜鹃种

常绿小灌木，高0.6～1.2米。花序顶生，伞形，有花2～6朵或更多，花冠宽漏斗状，长10～16毫米，花色呈淡金黄色。花期6月，果期7—9月。本变种与多色杜鹃不同在于花冠淡金黄色，萼裂片边缘被睫毛和鳞片。

生长于海拔3 000～4 900米的空旷砾石草地、高山草甸或松林中。分布于四川西南部、云南西北部。凉山州内产于木里。

十、楔叶杜鹃

楔叶杜鹃（*Rhododendron cuneatum W. W. Smith.*）杜鹃花科杜鹃属杜鹃亚属杜鹃组高山杜鹃亚组

常绿灌木，高1～4米。花冠漏斗状，长2～3厘米，花色呈深紫色至玫瑰紫色，罕白色，常具深色斑点。花期4—6月，果期10月。

生长于海拔2 700～4 200米的松栎林下、岩坡或高山灌丛。分布于四川西南部、云南西北部。凉山州内产于昭觉、雷波。

高山杜鹃

木里多色杜鹃

楔叶杜鹃

马缨花杜鹃

马缨花杜鹃（原亚种）

狭叶马缨花（变种）

毛柱马缨花（变种）

十一、马缨花杜鹃

马缨花杜鹃（*Rhododendron delavayi* Franch.）杜鹃花科杜鹃属常绿杜鹃亚属常绿杜鹃组树形杜鹃亚组

常绿灌木或小乔木，高1~12米。花冠钟形，长3~5厘米，直径3~4厘米，花色呈肉质，深红色。花期5月，果期12月。凉山州内产于会东。

1.马缨花杜鹃（原亚种）

Rhododendron delavayi Franch. subsp. *Nivale*

常绿灌木或小乔木，高1~12米。有花10~20朵。花冠钟形，长3~5厘米，直径3~4厘米，肉质，深红色。花期5月，果期12月。凉山州内有分布。

2.狭叶马缨花（变种）

Rhododendron delavayi Franch. var. *peramoenum*（Balf. f. et Forrest）T. L. Ming

该变种与原变种的区别在于叶狭长披针形，坚硬，长7.5~15厘米，宽1~2厘米，先端急尖至短尾状，下面有薄层淡黄色宿存而略胶结的毛被。

生长于海拔1 700~2 600米的常绿阔叶林或针阔叶混交林中。分布于贵州西部、云南西部和西藏东南部。凉山州内亦有分布。

3.毛柱马缨花（变种）

Rhododendron delavayi Franch. var. *pilostylum* K. M. Feng

该变种与原变种的区别在于花柱通体有丛卷毛。

生长于海拔1 200~3 200米的常绿阔叶林或灌木丛中。分布于广西西北部、四川西南部、贵州西部、云南全省及西藏南部。凉山州内亦有分布。

十二、乳黄杜鹃

乳黄杜鹃（*Rhododendron lacteum* Franch.）杜鹃花科杜鹃属常绿杜鹃亚属常绿杜鹃组大理杜鹃亚组

常绿灌木或小乔木，高2~8米。小枝粗壮，直径1厘米。有花15~30朵，花冠宽钟形，花色呈乳黄色，无斑点，有时基部具紫色斑纹。花期4—5月，果期9—10月。

生长于海拔3 000~4 050米的冷杉林下或杜鹃灌丛中。凉山州产于金阳、普格、德昌。

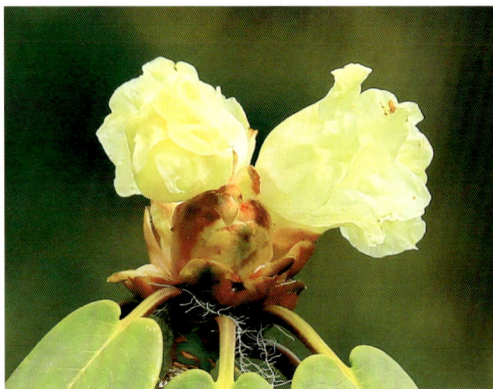

乳黄杜鹃

十三、大理杜鹃

大理杜鹃（*Rhododendron taliense* Franch.）杜鹃花科杜鹃属常绿杜鹃亚属常绿杜鹃组大理杜鹃亚组

大理杜鹃是常绿灌木，高1~3.5米。有花10~15朵，花冠钟形，长3~3.5厘米，花色呈乳白色、黄色或带粉红色，筒部上方具多数深红色斑点。花期5—6月，果期9—11月。

生长于海拔3 200~4 100米的高山冷杉林下或杜鹃灌丛中。分布于四川西部、云南西部及西北部。凉山州内产于喜德。

十四、麻点杜鹃

麻点杜鹃（*Rhododendron clementinae* Forrest）杜鹃花科杜鹃属常绿杜鹃亚属常绿杜鹃组大理杜鹃亚组

常绿灌木，高2~5米。幼枝无毛，直径约1厘米；有花7~15朵；花冠宽钟形，长4~4.5厘米，花色呈白色至蔷薇色，筒部上方具多数深红色斑点。花期5—6月，果期9—10月。

生长于海拔3 200~4 100米的高山针叶林缘或杜鹃灌丛中。分布于四川和云南。凉山州内产于金阳、美姑、雷波。

1. 麻点杜鹃（原亚种）

Rhododendron clementinae Forrest subsp. *clementinae*

生长于海拔3 200~4 100米的高山针叶林缘或杜鹃灌丛中。分布于四川西南部和云南西北部。凉山州内亦有分布。

2. 金背杜鹃（亚种）

Rhododendron clementinae Forrest subsp. *aureodorsale* Fang

该亚种和原亚种的区别是叶、花和果均较小，叶常为宽椭圆形，花呈白色，花冠杯状，长2.5~2.8厘米，7裂，蒴果长1~1.5厘米，直径6~8毫米。花期5—6月，果期7—8月。

生长于海拔2 690~3 100米的高山林中。分布于陕西南部。凉山州内亦有分布。

大理杜鹃

麻点杜鹃

麻点杜鹃（原亚种）

金背杜鹃（亚种）

皱皮杜鹃

十五、皱皮杜鹃

皱皮杜鹃（*Rhododendron wiltonii* Hemsl. et Wils.）杜鹃花科杜鹃属常绿杜鹃亚属常绿杜鹃组大理杜鹃亚组

常绿灌木，高1.5～3米。有花8～10朵；花冠漏斗状钟形，长3～4厘米，花色呈白色至粉红色，内面具多数红色斑点。花期5—6月，果期8—11月。

生长于海拔2 200～3 300米的高山丛林中。分布于四川西部和西南部。凉山州各县市均有分布。

十六、黄毛杜鹃

黄毛杜鹃（*Rhododendron rufum* Batalin）别称红毛杜鹃。杜鹃花科杜鹃花亚科杜鹃属常绿杜鹃亚属常绿杜鹃组大理杜鹃亚组

常绿灌木或小乔木，高1.5～8米。花色呈白色至淡粉红色，内面基部被短柔毛，上方具深红色斑点。花期5—6月，果期7—9月。

生长于海拔2 300～3 800米的林中。分布于陕西太白山、甘肃西南部和中部、青海东部和南部、四川西部和西北部。凉山州内产于越西、会东。

黄毛杜鹃

十七、金顶杜鹃

金顶杜鹃（*Rhododendron faberi* Hemsl. subsp. *faberi*）杜鹃花科杜鹃属常绿杜鹃亚属常绿杜鹃组大理杜鹃亚组

金顶杜鹃是峨眉山特有的品种，德国植物学家费伯游山首次发现，故又被称为"费伯杜鹃"。其特征是伞形花序，花冠钟状，花株6～10朵，花色呈白色至淡红色，内面基部具紫色斑块和白色短柔毛，上方具紫色斑点。花期5—6月，果期9—10月。

生长于海拔2 800～3 500米的高山石坡灌丛中或冷杉林下。凉山州内产于雷波。

1. 金顶杜鹃（原亚种）

Rhododendron faberi Hemsl. subsp. *faberi*

生长于海拔2 800～3 500米的高山石坡灌丛中或冷杉林下。分布于四川西部和西南部。凉山州内亦有分布。

2. 大叶金顶杜鹃（亚种，亦称康定杜鹃）

Rhododendron faberi Hemsl. subsp. *prattii*（Franch.）Chamb ex Cullen et Chamb.

该亚种与原亚种的区别是叶较大，花较大，花冠长4～5厘米，子房密被红棕色柔毛和短柄腺体。蒴果亦较大，长1.5～2.5厘米，直径6～8毫米。花期5—6月，果期8—10月。

生长于海拔2 800～3 950米的杜鹃灌丛中或针叶林缘。分布于四川西部、西南部和西北部。凉山州内产于雷波。

十八、粗脉杜鹃

粗脉杜鹃（*Rhododendron coeloneurum* Diels）别称麻叶杜鹃。杜鹃花科杜鹃花亚科杜鹃属常绿杜鹃亚属常绿杜鹃组大理杜鹃亚组

常绿乔木，高3～8米；枝条细长，直径5毫米；叶革质，上面深绿色，无毛，下面有两层毛被，红棕色，顶生伞形花序，有花6～9朵。花期4—6月，果期7—10月。

生长于海拔1 200～2 300米的山坡林中。分布于四川、贵州、云南。凉山州内产于金阳、美姑、雷波。

金顶杜鹃

金顶杜鹃（原亚种）

大叶金顶杜鹃（亚种）

粗脉杜鹃

锈红杜鹃

栎叶杜鹃

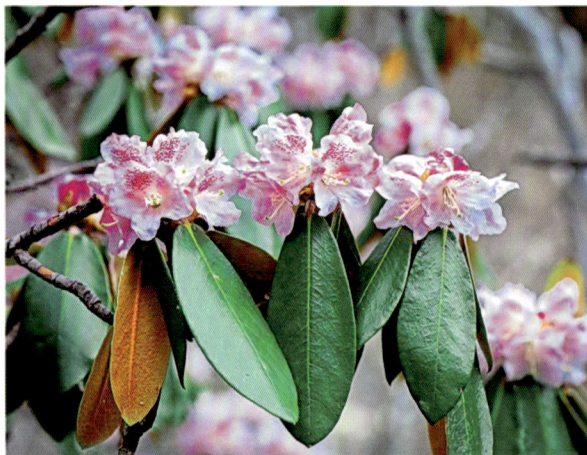

凝毛杜鹃

十九、锈红杜鹃

锈红杜鹃（*Rhododendron bureavii* Franch.）又名锈红毛杜鹃。杜鹃花科杜鹃属常绿杜鹃亚属常绿杜鹃组大理杜鹃亚组

常绿灌木，高1～4米。叶厚革质，椭圆形至倒卵状长圆形，顶生短总状伞形花序．有花10～20朵，花冠管状钟形或钟形，花色呈白色带粉红色至粉红色。花期5～6月，果期8—10月。

生长于海拔2 800～4 500米的高山针叶林下或杜鹃灌丛中。分布于四川和云南。凉山州西昌、金阳、布拖、美姑、喜德、越西、冕宁均有分布。

二十、栎叶杜鹃

栎叶杜鹃（*Rhododendron phaeochrysum* Balf. f. et W. W. Smith）别称褐黄杜鹃、凝毛杜鹃。杜鹃花科杜鹃花亚科杜鹃属常绿杜鹃亚属常绿杜鹃组大理杜鹃亚组

常绿灌木，高1.5～4.5米。顶生总状伞形花序，有花8～15朵，花萼小，杯状，花冠漏斗状钟形，花色呈白色或淡粉红色。花期5—6月，果期9—10月。

生长于海拔3 300～4 200米的高山杜鹃灌丛中或冷杉林下。分布于四川西部、西南部和西北部，云南西北部和西藏东南部。凉山州内产于西昌。

主要变种

1.凝毛杜鹃

Rhododendron phaeochrysum Balf. f. et W. W. Smith var. *agglutinatum*（Balf. f. et Forrest）Chamb. ex Cullen et Chamb.

凝毛杜鹃与栎叶杜鹃的区别是幼枝无毛；叶长圆状卵形，长5～8厘米，宽2.5～4厘米，下面毛被黄棕色，黏结，有时呈块状分裂；花较小，花冠长2.3～3.5厘米；花冠漏斗状钟形，花较小，花色呈白色或淡粉红色，筒部上方具紫红色斑点，内面基部被白色微柔毛。花期5—6月，果期7—10月。

生长于海拔3 000～4 800米的高山杜鹃灌丛中或冷杉林下。分布于四川西南部、西部和西北部，云南西北部和西藏东南部。凉山州内产于木里。

2.粘毛栎叶杜鹃

Rhododendron phaeochrysum var. *levistratum*

粘毛栎叶杜鹃花冠长2～3厘米，有时子房疏被短柔毛。花期5—6月，果期9月。

生长于海拔3 000～4 450米的高山冷杉下或杜鹃灌丛中。分布于四川西南部、西部和西北部，云南西北部。凉山州内亦有分布。

二十一、宽钟杜鹃

宽钟杜鹃（*Rhododendron beesianum* Diels）杜鹃花科杜鹃属常绿杜鹃亚属常绿杜鹃组大理杜鹃亚组

常绿灌木或小乔木，高2～9米。小枝粗壮，顶生总状伞形花序，有花10～25朵；花冠宽钟形，长4～5厘米，直径4.5～5.5厘米，花色呈白色带红色或粉红色。花期5—6月，果期9—11月。

生于海拔2 700～4 500米的针叶林下或高山杜鹃灌丛中。分布于四川西南部、云南西北部和西藏东南部。凉山州内产于木里。

二十二、普格杜鹃

普格杜鹃（*Rhododendron pugeense* L. C. Hu）杜鹃花科杜鹃属常绿杜鹃亚属常绿杜鹃组大理杜鹃亚组

灌木；幼枝密被黄锈色树状分枝毛，直径8毫米；顶生伞形花序，有花约12朵，总轴短，长5毫米；花梗粗，长约1.2厘米，花冠钟形，长3～3.5厘米，直径3.5厘米，花色呈粉红色，外面无毛，内面一侧具少数紫色斑点，近基部密被短柔毛。花期5月。

生长于海拔3 500米的高山杜鹃灌丛中。分布于四川西南部。凉山州内产于普格。

宽钟杜鹃

普格杜鹃

陇蜀杜鹃

陇蜀杜鹃（原亚种）

金背陇蜀杜鹃（亚种）

互助杜鹃（亚种）

二十三、陇蜀杜鹃

陇蜀杜鹃（*Rhododendron przewalskii* Maxim.）杜鹃花科杜鹃属常绿杜鹃亚属常绿杜鹃组大理杜鹃亚组陇蜀杜鹃（原亚种）

常绿灌木，高1～3米。顶生伞房状伞形花序，有花10～15朵；花冠钟形，长2.5～3.5厘米，花色呈白色至粉红色，筒部上方具紫红色斑点。花期6—7月，果期9月。

生长于海拔2 900～4 300米的高山林地，常成林。分布于陕西、甘肃、青海及四川。凉山州内产于木里、盐源。

1.陇蜀杜鹃（原亚种）

Rhododendron przewalskii Maxim. subsp. *przewalskii*

该种与大理杜鹃（*R. taliense* Franch.）相近，花色呈白色至粉红色，筒部上方具紫红色斑点。花期6-7月，果期9月。

生长于海拔2 900～4 300米的高山林地，常成林。分布于陕西西部，甘肃西南部，青海东部、东南部和西南部及四川西部和西北部。凉山州内产于木里、盐源。

2.金背陇蜀杜鹃（亚种）

Rhododendron przewalskii Maxim. subsp. *chrysophyllum* Fang et S. X. Wang

该亚种与原亚种的区别在于叶片基部宽楔形或近于圆形，下面密被棕褐色或铁锈色状短硬毛，花冠漏斗形。生长于海拔2 700～2 800米的山坡林中。分布于青海东部。凉山州内亦有分布。

3.互助杜鹃（亚种）

Rhododendron przewalskii Maxim. subsp. *huzhuense* Fang et S. X. Wang

该亚种与原亚种的区别在于叶片基部阔楔形或近圆形，下面被灰白色或肉桂色长绒毛，伞房状总状花序，有花8～10朵，花冠漏斗形，长2.5～3厘米。

生长于海拔2 700～3 100米的高山阴坡灌丛中或桦木林下。分布于青海东部。凉山州内亦有分布。

4. 玉树杜鹃（亚种）

Rhododendron przewalskii Maxim. subsp. *yushuense* Fang et S. X. Wang

该亚种与原亚种的区别在于叶较小，长5～7厘米，宽2.5～3厘米，先端钝，基部钝或近于圆形，下面被薄层暗红色微绒毛，花梗较纤细，花序仅有花6～10朵。生长于海拔4 200米的林中。分布于青海西南部。凉山州内亦有分布。

二十四、金江杜鹃

金江杜鹃（*Rhododendron elegantulum* Tagg et Forrest）杜鹃花科杜鹃属常绿杜鹃亚属常绿杜鹃组大理杜鹃亚组

常绿小灌木，常密集或灌丛，高1～1.5米。顶生伞形花序，有花10～20朵；花冠漏斗状钟形，长3～3.5厘米，花色呈淡紫红色，筒部上方一侧具深红色斑点。花期5—6月，果期7月。

生长于海拔3 600～3 900米的高山坡地冷杉林下。分布于四川西南部、云南西北部。凉山州内产于会理。

该种常密集成灌丛，叶长圆状椭圆形至长圆状披针形，长5～9厘米，下面毛被厚，肉桂色至锈红色，绵毛状，无腺体；花淡紫红色，子房密被短柄腺体，无毛。易于辨别。

二十五、裂毛杜鹃

裂毛杜鹃（*Rhododendron simulans*）杜鹃花科杜鹃花亚科杜鹃属常绿杜鹃亚属常绿杜鹃组大理杜鹃亚组

常绿灌木，高约2米。顶生总状伞形花序，有花7～10朵，花冠漏斗状钟形，长4～5厘米，花色呈白色微红，里面一侧有深红色斑点，基部有稀疏的微柔毛。花期6月。生长于海拔3 650～4 000米的杜鹃丛林中。分布于四川西南部。凉山州内产于木里。

二十六、棕背杜鹃

棕背杜鹃（*Rhododendron alutaceum* Balf. f. et W. W. Smith）杜鹃花科杜鹃花亚科杜鹃属常绿杜鹃亚属常绿杜鹃组大理杜鹃亚组

常绿灌木，高1.5～4米。顶生总状伞形花序，有花10～15朵，总轴长1～1.8厘米；花冠漏斗状钟形，长3.5～4厘米，花色呈白色至粉红色，筒部上方具深红色斑点。花期6—7月，果期9—10月。

生于海拔3 250～4 300米的高山岩坡灌丛中或针叶林下。分布于四川西部、西南部至西北部，云南西北部。凉山州内产于普格。

玉树杜鹃（亚种）

金江杜鹃

裂毛杜鹃

棕背杜鹃

宽叶杜鹃

毛脉杜鹃

中甸杜鹃

二十七、宽叶杜鹃

宽叶杜鹃（*Rhododendron sphaeroblastum* Balf. f. et Forrest）杜鹃花科杜鹃花亚科杜鹃属常绿杜鹃亚属常绿杜鹃组大理杜鹃亚组

常绿灌木，高1～3米。顶生总状伞形花序，有花10～12朵；花冠漏斗状钟形，长3.5～4厘米，花色呈白色至粉红色，筒部上方具洋红色斑点，5裂，裂片圆形。蒴果长圆柱形、微弯。花期5—6月，果期8—10月。

生长于海拔3 300～4 400米的坡地冷杉林下或杜鹃灌丛中。分布于四川西南部，云南西北部和北部。凉山州内产于木里、普格。

二十八、毛脉杜鹃

毛脉杜鹃（*Rhododendron pubicostatum* T. L. Ming）杜鹃花科杜鹃花亚科杜鹃属常绿杜鹃亚属常绿杜鹃组大理杜鹃亚组

常绿灌木，高约3米。顶生总状伞形花序，有花约6朵；花冠漏斗状钟形，长3.5～4厘米，花色呈白色带粉红色，内面基部具深红色斑纹，疏被微柔毛，裂片5，近于圆形。蒴果长圆柱形，基部略弯。花期5月，果期11月。

生长于海拔2 200～3 650米的杜鹃灌丛中。分布于云南东北部。凉山州内产于普格。

二十九、中甸杜鹃

中甸杜鹃（*Rhododendron zhongdianense* L. C. Hu）杜鹃花科杜鹃花亚科杜鹃属常绿杜鹃亚属常绿杜鹃组大理杜鹃亚组

常绿灌木，高2～3米；花色呈淡红色，筒部上方裂片具紫色斑点。花期6月。

生长于海拔3 700米的森林中。分布于云南西北部。凉山州内产于普格。

三十、卷叶杜鹃

卷叶杜鹃（*Rhododendron roxieanum* Forrest）杜鹃花科杜鹃花亚科杜鹃属常绿杜鹃亚属常绿杜鹃组大理杜鹃亚组

常绿灌木，高1～3米。顶生短总状伞形花序，有花10～15朵；花冠漏斗状钟形，长3～3.5厘米，花色呈白色略带粉红色，筒部上方具多数紫红色斑点。花期6—7月，果期10月。生长于海拔2 600～4 300米的高山针叶林或杜鹃灌丛中。分布于陕西、甘肃、四川和西藏。凉山州内产于木里、喜德。

1.卷叶杜鹃（原变种）

Rhododendron roxieanum Forrest var. *roxieanum*

该种与大理杜鹃（*R. taliense* Franch.）相近，但本种的枝上具宿存的芽鳞，叶较窄，通常狭披针形，长6～10厘米，宽1.3～2厘米，边缘显著反卷，下面毛被厚，上层毛被锈红色，绵毛状，花色呈白色带粉红色，子房密被锈色绒毛和短柄腺体，易于区别。

2.兜尖卷叶杜鹃（变种）

Rhododendron roxieanum Forrest var. *cucullatum*（Hand. -Mazz.）Chamb

该变种与原变种的区别在于叶片通常较宽，宽2～3厘米，先端呈兜状卷曲，下面毛被有时颜色变淡，上层毛被疏松，多少脱落。花期6—7月，果期10月。

生长于海拔3 500～4 300米的高山杜鹃灌丛中。分布于四川西南部、云南西北部和西藏东南部。凉山州内产于木里。

3.线形卷叶杜鹃（变种）

Rhododendron roxieanum Forrest var. *oreonastes*（Balf. f. et Forrest）T. L. Ming

该变种与原变种的区别在于叶片线形或线状披针形，较窄，长4～7厘米，宽0.5～1厘米，边缘极度反卷；花较小，花冠长2～2.5厘米，裂片不等大。花期6—7月，果期8月。

生长于海拔3 700～4 200米的高山石坡杜鹃灌丛中。分布于云南西北部。凉山州内亦有分布。

卷叶杜鹃

卷叶杜鹃（原变种）

兜尖卷叶杜鹃（变种）

线形卷叶杜鹃（变种）

大白杜鹃

大白杜鹃（原亚种）

高尚大白杜鹃（亚种）

小头大白杜鹃（亚种）

心基大白杜鹃（亚种）

三十一、大白杜鹃

大白杜鹃（*Rhododendron decorum* Franch.）种别名：大白花杜鹃 杜鹃花科杜鹃属常绿杜鹃亚属常绿杜鹃组云锦杜鹃亚组

常绿灌木或小乔木，高1～3米，稀达6～7米。顶生总状伞房花序，有花8～10朵，有香味；色花冠宽漏斗状钟形，变化大，长3～5厘米，直径5～7厘米，花色呈淡红色或白色。花期4—6月，果期9—10月。

生长于海拔1 000～3 300米的灌丛中或森林下。分布于四川、贵州、云南和西藏。缅甸东北部有分布。凉山州各县市均有分布。

1.大白杜鹃（原亚种）

Rhododendron decorum Franch. subsp. *decorum*

生长于海拔1 000～4 000米的灌丛中或森林下。分布于四川西部至西南部、贵州西部、云南西北部和西藏东南部。缅甸东北部有分布。凉山州内亦有分布。

2.高尚大白杜鹃（亚种）

Rhododendron decorum Franch. subsp. *diaprepes*.（Balf. f. et W. W. Smith）T. L. Ming

该亚种与原亚种的区别在于叶片较大，长12～30厘米，宽4.4～11厘米；花较大，长6.5～10厘米，宽约9厘米。

生长于海拔1 700～3 300米的常绿阔叶林及针阔叶混交林中。分布于四川西南部及云南西部。缅甸东北部有分布。凉山州内产于越西。

3.小头大白杜鹃（亚种）

Rhododendron decorum Franch. subsp. *parvistigmaticum* W. K. Hu

该亚种与原亚种的区别在于花冠裂片无缺刻；柱头小，宽仅2毫米；叶片先端钝、有小尖头，或短渐尖；花梗长2.5～4厘米。花色呈淡红色或白色，内面基部有白色微柔毛，花冠裂片无缺刻。花期4—6月。

生长于海拔2 100米的林下。分布于四川西南部。凉山州各县市均有分布。

4.心基大白杜鹃（亚种）

Rhododendron decorum Franch. subsp. *cordatum* W. K. Hu

该亚种与原亚种的区别在于叶片基部呈狭心形；叶柄短，长仅1.2～1.4厘米。分布于云南。凉山州内亦有分布。

三十二、凉山杜鹃

凉山杜鹃（*Rhododendron huianum* Fang） 杜鹃花科杜鹃花亚科杜鹃属常绿杜鹃亚属常绿杜鹃组云锦杜鹃亚组

灌木或小乔木，高1.6～4.5米。总状花序顶生，有花10～13朵；花冠钟形，长3.5厘米，直径4.3厘米，花色呈淡紫色或暗红色，无毛，裂片6～7。蒴果长圆柱形，微弯曲，暗绿色。花期5—6月，果期9—10月。

生长于海拔1 300～2 700米的山谷杂木林、松林或松栎混交林下。分布于四川西部和东南部、贵州东北部及云南东北部。凉山州内产于雷波。

三十三、美容杜鹃

美容杜鹃（*Rhododendron calophytum* Franch） 尖叶杜鹃、美丽杜鹃、美蓉杜鹃。杜鹃花科杜鹃属常绿杜鹃亚属常绿杜鹃组云锦杜鹃亚组

常绿灌木或小乔木，高2～12米。顶生短总状伞形花序，有花15～30朵；花冠阔钟形，长4～5厘米，直径4～5.8厘米，花色呈红色或粉红色至白色。花期4—5月，果期9—10月。

生长于海拔1 300～4 000米的森林中或冷杉林下。分布于陕西南部，甘肃东南部，湖北西部，四川东南部、西部及北部，贵州中部及北部，云南东北部。凉山州内产于普格。

主要变种

1.尖叶美容杜鹃（变种）

Rhododendron calophytum Franch. var. *openshawianum*（ Rehd. et Will.） Chamb. ex Cullen et Chamb.

常绿灌木或小乔木，该变种与原种的区别在于叶较小而狭窄，先端尾状渐尖；顶生总状伞形花序仅有花6～12朵。花色呈红色或粉红色至白色。花期4—5月。

生长于海拔1 400～2 800的岩边或森林中。分布于四川西部和西南部、云南东北部。凉山州内产于雷波。

2.疏花美容杜鹃（变种）

Rhododendron calophytum Franch. var. *pauciflorum* W. K. Hu

该变种与原种的区别在于叶为宽倒披针形至长圆形，先端短渐尖；总轴较短，长仅1厘米，花少，仅有花3～7朵；花冠碗状钟形，裂片5。

生长于海拔1 800～2 100米的林中。分布于四川东南部。凉山州内亦有分布。

3.金佛山美容杜鹃（变种）

Rhododendron calophytum Franch. var. *jingfuense* Fang et W. K. Hu

该变种与原变种的区别在于叶较小，长10～14厘米，宽3～4厘米；花较小，花冠紫色，裂片5；花梗较短而粗壮，长2～2.5厘米。

生长于海拔2 250米的落叶阔叶林中。分布于四川东南部。凉山州内亦有分布。

凉山杜鹃

美容杜鹃

尖叶美容杜鹃（变种）

疏花美容杜鹃（变种）

金佛山美容杜鹃（变种）

团叶杜鹃

团叶杜鹃（原亚种）

心基杜鹃（亚种）

长圆团叶杜鹃（亚种）

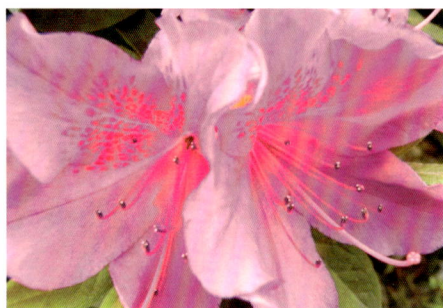

粉红杜鹃

三十四、团叶杜鹃

团叶杜鹃（*Rhododendron orbiculare* Decne.）杜鹃花科杜鹃花亚科杜鹃属常绿杜鹃亚属常绿杜鹃组云锦杜鹃亚组

常绿灌木，稀小乔木，高1～4.5米，稀达15米。顶生伞房花序疏松，有花7～8朵；花冠钟形，长3.2～3.5厘米，宽4.5～6厘米，花色呈红蔷薇色。花期5—6月，果期8—10月。

生长于海拔1 400～3 500米的岩石上或针叶林下。分布于四川西部和南部。凉山州内产于冕宁、美姑、雷波、会理。

主要亚种

1.团叶杜鹃（原亚种）

Rhododendron orbiculare Decne. subsp. *orbiculare*

生长于海拔1 400～4 000米的岩石上或针叶林下。分布于四川西部和南部。凉山州内亦有分布。

2.心基杜鹃（亚种）

Rhododendron orbiculare Decne. subsp. *cardiobasis*（Sleumer）Chamb.

该亚种与原亚种的区别在于叶片基部浅心形，花色呈粉红色，花丝基部略有白色的微柔毛。

生长于海拔1 550～2 140米的山坡疏林中或山顶草地上。分布于广西东部及东北部。凉山州内亦有分布。

3.长圆团叶杜鹃（亚种）

Rhododendron orbiculare Decne. subsp. *oblongum* W. K. Hu

该亚种与原亚种的区别在于叶为长圆形，基部浅至深心形，下面有微柔毛，后脱净；花冠管状钟形，裂片6，花柱密被短柄腺体；雄蕊11。分布于广西东北部林中。凉山州内亦有分布。

三十五、粉红杜鹃

粉红杜鹃［*Rhododendron oreodoxa* Franch. var. *fargesii*（Franch.）］杜鹃花科杜鹃花亚科杜鹃属常绿杜鹃亚属常绿杜鹃组云锦杜鹃亚组山光杜鹃种

常绿灌木或小乔木，高3～8米。花色呈淡紫色。伞形花序顶生，有花6～10朵，花梗长约1厘米。

生长于海拔1 800～3 500米的灌丛或森林中。分布于甘肃南部、陕西南部、湖北西部、四川东北部和西部。凉山州内产于布拖。

三十六、亮叶杜鹃

亮叶杜鹃（*Rhododendron vernicosum* Franch.）别称光泽杜鹃。杜鹃花科杜鹃属常绿杜鹃亚属常绿杜鹃组云锦杜鹃亚组

常绿灌木或小乔木，高1～5米，稀达8米。顶生总状伞形花序，有花6～10朵；花色呈淡红色至白色，花期4-6月，果期8-10月。

生于海拔2650～4300米的森林中，分布于四川西部至西南部、云南西部和西藏东南部。凉山州内产于甘洛、木里、盐源、西昌、昭觉。

亮叶杜鹃

三十七、星毛杜鹃

星毛杜鹃（*Rhododendron asterochnoum* Diels）杜鹃花科杜鹃属常绿杜鹃亚属常绿杜鹃组云锦杜鹃亚组

常绿小乔木，高3～7米，稀达15米。顶生短总状伞形花序，有花11～18朵；花冠钟形，长5厘米，直径5.5厘米，花色呈淡红色至白色，裂片5，扁圆形。花期5月，果期7—8月。

生长于海拔2400～3600米的森林内或冷杉林中。分布于四川西部。凉山州内产于冕宁、雷波。

星毛杜鹃

1. 汶川星毛杜鹃（原变种）

Rhododendron asterochnoum Diels var. *asterochnoum*

该种与美容杜鹃（*R. calophytum* Franch.）的亲缘关系相近，但叶片下面有星状毛，花冠具裂片5，与后种易于区别。凉山州内有分布。

汶川星毛杜鹃（原变种）

2. 短梗星毛杜鹃（变种）

Rhododendron asterochnoum Diels var. *brevipedicellatum* W. K. Hu in Bull.

该变种与原种的区别在于它的花梗短，长仅1.3厘米，花较小，长为3厘米，宽3.5厘米，叶片狭窄，宽为3～4.5厘米。

生长于海拔2200米的路边或河谷森林中。分布于四川西北部。凉山州内亦有分布。

短梗星毛杜鹃（变种）

腺果杜鹃

喇叭杜鹃

大果杜鹃

三十八、腺果杜鹃

腺果杜鹃（*Rhododendron davidii* Franch.）杜鹃花科杜鹃属常绿杜鹃亚属常绿杜鹃组云锦杜鹃亚组

常绿灌木或小乔木，高1.5～5米，稀达8米。顶生伸长的总状花序，有花6～12朵；花冠阔钟形，长3.5～4.5厘米，花色呈玫瑰红色或紫红色。花期4—5月，果期7—8月。

生长于海拔1 750～2 360米的森林中。分布于四川西部及云南东北部。凉山州内产于雷波。

三十九、喇叭杜鹃

喇叭杜鹃（*Rhododendron discolor* Franch.）杜鹃花科杜鹃属常绿杜鹃亚属常绿杜鹃组云锦杜鹃亚组

常绿灌木或小乔木，高1.5～8米。顶生短总状花序，有花6～8朵；花冠漏斗状钟形，长5.5厘米，宽约6厘米，花色呈淡红色至白色。花期6—7月，果期9—10月。

生长于海拔900～1 900米的林下或密林中。分布于陕西、安徽、浙江、江西、湖北、湖南、广西、四川、贵州和云南东北部。凉山州内产于雷波。

四十、大果杜鹃

大果杜鹃（*Rhododendron glanduliferum* Franch.）杜鹃花科杜鹃属常绿杜鹃亚属常绿杜鹃组云锦杜鹃亚组

常绿小灌木，高4米。顶生伞形花序，有花5～6朵，疏松；花冠漏斗状钟形，长5～6厘米，花色呈白色，外面被长柄腺体，裂片7～8，宽圆形。花期不明，果期10—11月。

生长于海拔2 300～2 400米的山顶树林中。分布于云南东北部。凉山州内产于雷波。

四十一、波叶杜鹃

波叶杜鹃（*Rhododendron hemsleyanum* Wils.）杜鹃花科杜鹃属常绿杜鹃亚属常绿杜鹃组云锦杜鹃亚组

常绿灌木或小乔木，高2～9米；树皮厚，灰褐色；顶生总状伞形花序，有花7～16朵，有香味；花冠宽钟形，长6厘米，直径约7厘米，花色呈白色，外面向基部有稀疏的腺体，裂片7，扁圆形。花期5—6月，果期8—10月。

生长于海拔1 100～2 000米的森林中。分布于四川西南部。凉山州内产于雷波。

1.波叶杜鹃（原变种）

Rhododendron hemsleyanum Wils. var. *hemsleyanum*

生长于海拔1 100～2 000米的森林中。分布于四川西南部。凉山州内亦有分布。

2.无腺杜鹃（变种）

Rhododendron hemslseyanum Wils. var. *chengianum* Fang ex Ching

该变种与原变种的区别在于叶片较宽，6～10.5厘米；叶柄和花梗光滑，不具腺体。

生长于海拔1 200米的林中。分布于四川西南部。凉山州内亦有分布。

四十二、亮毛杜鹃

亮毛杜鹃（*Rhododendron microphyton* Franch.）别称小杜鹃。杜鹃花科杜鹃属映山红亚属映山红组

常绿直立灌木，高1～2米，稀达3～5米。伞形花序顶生，有花3～7朵，稀具1～2个侧生花序；花冠漏斗形，花色呈蔷薇色或近于白色。花期3-6月，稀至9月，果期7-12月。

生长于海拔1 300～3 200米的山脊或灌丛中，通常在海拔2 000米尤为普遍。分布于广西西北部、四川西南部、贵州西部及西南部、云南西北部和西部及东南部。凉山州内产于西昌、德昌、普格。

碧江亮毛杜鹃（变种）

Rhododendron microphyton Franch. var. *trichanthum*

该变种与原变种的不同在于花淡红色，花冠筒外面被细长的糙伏毛。花期6～7月。凉山州内亦有分布。

波叶杜鹃

波叶杜鹃（原变种）

无腺杜鹃（变种）

亮毛杜鹃

碧江亮毛杜鹃（变种）

爆杖花

爆杖花（原变种）

少毛爆杖花（变种）

四十三、爆杖花

爆杖花（*Rhododendron spinuliferum* Franch.）别称密通花 杜鹃花科杜鹃属糙叶杜鹃亚属糙叶杜鹃组

灌木，高0.5～3.5米。幼枝被灰色短柔毛，杂生长刚毛；老枝褐红色，近无毛。叶坚纸质，散生，叶片倒卵形、椭圆形、椭圆状披针形或披针形。花序腋生枝顶成假顶生；花冠筒状，两端略狭缩，长1.5～2.5厘米，花色呈朱红色、鲜红色或橙红色，上部5裂，裂片卵形，直立。蒴果长圆形，长1-1.4厘米，被疏茸毛并可见鳞片。花期2—6月。

生长于海拔1 900～2 500米的松林、松一栎林、油杉林或山谷灌木林。分布于四川西南，云南西部、中部至东北部。凉山州各县市均有分布。

主要变种

1.爆杖花（原变种）

Rhododendron spinuliferum Franch. var. *spinuliferum*

生长于海拔1 900～2 500米的松林、松一栎林、油杉林或山谷灌木林。分布于四川西南部，云南西部、中部至东北部。凉山州内亦有分布。

2.少毛爆杖花（变种）

Rhododendron spinuliferum Franch. var. *glabrescens* K. M. Feng ex R. C. Fang

与原变种的不同在于叶两面、花梗、花萼和子房近于无毛或仅在叶背沿中脉被少数柔毛。花期3月。

分布于云南（彝良）。凉山州内亦有分布。

四十四、柔毛杜鹃

柔毛杜鹃（*Rhododendron pubescens* Balf. f. et Forrest ） 杜鹃花科杜鹃属糙叶杜鹃亚属糙叶杜鹃组

小灌木，高可达1米，多分枝。花序数个腋生于枝顶叶腋；花色呈淡红色，花柱洁净。花期5—6月。

生长于海拔2 700～3 500米的灌丛中。分布于四川西南部、云南（永胜和宁蒗的永宁之间）。凉山州内产于木里、西昌、德昌、冕宁、盐源。

四十五、糙叶杜鹃

糙叶杜鹃（*Rhododendron scabrifolium* Franch. ） 杜鹃花科杜鹃花亚科杜鹃属糙叶杜鹃亚属糙叶杜鹃组

灌木，高0.5～2米。花序数个生枝顶叶腋；花序近于伞形，2～3朵花；花梗密被短柔毛和黄色小鳞片，花萼5裂，裂片长圆状披针形，花冠宽漏斗状，花色呈白色或粉红色，花丝下部被微柔毛或近于无毛；花柱伸出花冠，蒴果长圆形，花期2—4月。

生长于海拔2 000～2 600米的山坡杂木林内或云南松林下，分布于四川、云南、西藏。凉山州内产于西昌、雷波、冕宁、盐源。

主要变种

疏花糙叶杜鹃（变种）

Rhododendron scabrifolium Franch. var. *pauciflorum* Franch.

灌木，高0.5～2米花序近于伞形，2～3朵花；花冠宽漏斗状，长1.5～1.8厘米，花色呈白色或粉红色，花期2—4月。

生长于海拔2 000～2 600米的山坡杂木林内或云南松林下。分布于四川（盐边）、云南中部至西部。凉山州内产于昭觉、盐源。

柔毛杜鹃

糙叶杜鹃

疏花糙叶杜鹃（变种）

粉背碎米花

腋花杜鹃

凹叶杜鹃

四十六、粉背碎米花

粉背碎米花（*Rhododendron hemitrichotum* Balf. f. et Forrest）杜鹃花科杜鹃花亚科杜鹃属糙叶杜鹃亚属糙叶杜鹃组

小灌木，高0.3～1米，多分枝。花序数个腋生枝顶，每花序2～3花；花冠小，漏斗状，0.9～1.3厘米，花色呈粉红色或紫红色。花期5—7月或10月、12月。

生长于海拔2 200～4 000米的松林或灌丛中。分布于四川、云南西北部。凉山州内产于木里、盐源。

四十七、腋花杜鹃

腋花杜鹃（*Rhododendron racemosum* Franch.）杜鹃花科杜鹃花亚科杜鹃属糙叶杜鹃亚属腋花杜鹃组

小灌木，高可达2米，分枝多。花序腋生枝顶或枝上部叶腋，有花2～3朵；花梗纤细，花萼小，环状或波状浅裂，花冠小，宽漏斗状，花色呈粉红色或淡紫红色，裂片开展，花丝基部密被展开的柔毛。花期3—5月。

生长于海拔1 500～3 800米云南松林、松—栎林下，灌丛草地或冷杉林缘，常为上述植物群落的优势种。分布于四川西南部，贵州西北部，云南中部、西部至西北部、东北部。凉山州内产于美姑、昭觉、雷波、布拖、普格、德昌、西昌、盐源、金阳、越西、喜德。

四十八、凹叶杜鹃

凹叶杜鹃（*Rhododendron davidsonianum* Rehd. et Wils.）杜鹃花科杜鹃属杜鹃亚属杜鹃组三花杜鹃亚组

灌木，高1～3米。花序顶生或同时枝顶腋生，3～6花，短总状；花色呈淡紫白色或玫瑰红色。花期4—5月，果期9—10月。

生长于海拔1 500～3 600米的灌丛、林间空地或松林。分布于四川西南或西北部。凉山州内产于德昌、雷波、西昌、木里。

四十九、黄花杜鹃

黄花杜鹃（*Rhododendron lutescens* Franch.）杜鹃花科杜鹃属杜鹃亚属杜鹃组三花杜鹃亚组黄花杜鹃亚种

灌木，高1～3米。幼枝细长，疏生鳞片。花1～3朵顶生或生枝顶叶腋；花色呈黄色、淡黄色，5裂至中部，裂片长圆形，外面疏生鳞片，密被短柔毛。花期3—4月。

生长于海拔1 700～2 000米的杂木林湿润处或见于石灰岩山坡灌丛中。分布于四川西部和西南部、贵州（贵定）、云南东北部和东南部（金平县）。凉山州内产于美姑、雷波。

五十、锈叶杜鹃

锈叶杜鹃（*Rhododendron siderophyllum* Franch.）杜鹃花科杜鹃属杜鹃亚属杜鹃组三花杜鹃亚组

灌木，高1～4米。花序顶生或同时腋生枝顶，短总状，3～5花；白、淡红、淡紫或偶见玫红色，内面上方通常有黄绿色、淡红色或杏黄色斑或无斑，子房5室，蒴果长圆形，花期3-6月。

生长于海拔1 200～3 000米的山坡灌丛、杂木林或松林。分布于四川西南部、贵州、云南（西、中、东北、东南部）。凉山州内产于美姑、雷波。

五十一、山育杜鹃

山育杜鹃（*Rhododendron oreotrephes* W. W. Sm.）杜鹃花科杜鹃属杜鹃亚属杜鹃组三花杜鹃亚组

常绿灌木，高1～4米。花序顶生或同时枝顶腋生，短总状，3～10花；紫红色，花萼波状5裂或近于环状。花期5—7月。

生长于海拔2 100～3 700米针叶—落叶阔叶混交林、黄栎—杜鹃灌丛、落叶松林缘或冷杉林缘。分布于四川西南部，云南西北及东北部，西藏东南部。缅甸东北部也有分布。凉山州内产于雷波、布拖、盐源、木里、金阳、喜德。

五十二、绿点杜鹃

绿点杜鹃（*Rhododendron searsiae* Rehd. et Wils.）杜鹃花科杜鹃属杜鹃亚属杜鹃组三花杜鹃亚组

灌木，高1.5～5米。花序顶生、稀顶生和腋生枝顶，4～8花，短总状；花色呈白色或淡红紫色，上方裂片内面有淡绿色斑点。蒴果长圆形。花期5-6月，果期9-10月。

生长于海拔2 300～3 000米的灌丛或林内。分布于四川中西部和中南部。凉山州内产于木里、雷波、宁南、会理等地。

黄花杜鹃

锈叶杜鹃

山育杜鹃

绿点杜鹃

毛肋杜鹃

张口杜鹃（亚种）

白花张口杜鹃（变种）

红花张口杜鹃（变种）

五十三、毛肋杜鹃

毛肋杜鹃（*Rhododendron augustinii* Hemsl.）杜鹃花科杜鹃属杜鹃亚属杜鹃组三花杜鹃亚组

灌木，高1～5米。花序顶生，2～6花，伞形着生；花冠宽漏斗状，略呈两侧对称，长3～3.5厘米，花色呈淡紫色或白色，5裂至中部，花丝下部密被长柔毛。

生长于海拔1 000～2 100米的山谷、山坡林中、山坡灌木林或岩石上。分布于陕西南部、湖北西部、四川中部至东部。凉山州内产于美姑、昭觉、西昌、金阳、雷波。

主要变种

1.张口杜鹃（亚种）

Rhododendon augustinii Hemsl. subsp. *chasmanthum*（Diels）Cullen

该亚种与原亚种的不同在于各部分被毛少及叶下鳞片较疏；幼枝无毛；叶上面通常无毛；叶柄背部常无毛；花柱基部通常无毛，偶有短柔毛；叶下面鳞片相距为其直径的1～5倍或更疏。

生长于海拔1 700～4 200米的松林、冷杉林、沟边杂木林、石山灌木林或针一阔叶混交林。分布于甘肃南部、四川南部至西南部、云南西北部至北部。凉山州内亦有分布。

2.白花张口杜鹃（变种）

Rhododendron augustinii Hemsl. subsp. *casmanthum*（Diels）Cullen f. hardyi（Davidian）R. C. Fang

该变型的特征为花冠白色，内面基部有淡黄或淡绿色斑点，落叶。

生长于海拔3 300～3 700米的云杉林。分布于云南西北部及毗邻的西藏察瓦龙。凉山州内亦有分布。

3.红花张口杜鹃（变种）

Rhododendron augustinii Hemsl. subsp. *chasmanthum*（Diels）Cullen f.rubrum（Davidian）R. C. Fang

该变型的特征为花冠红色；枝叶稠密；在栽培情况下花期先于原变种3～4周。

生长于海拔4 300米的山谷边岩坡灌丛中。分布于云南维西雪龙山。凉山州内有分布。

五十四、多鳞杜鹃

多鳞杜鹃（*Rhododendron polylepis* Franch.）杜鹃花科杜鹃属杜鹃亚属杜鹃组三花杜鹃亚组

灌木或小乔木，高1～6米。花序顶生，稀同时腋生枝顶，3～5花，伞形着生或短总状；花色呈淡紫红或深紫红色，内面无斑点或上方裂片有淡黄斑点；雄蕊不等长伸出花冠外。花期4～5月，果期6～8月。

生长于海拔1500～3300米林内或灌丛。分布于陕西南部、甘肃南部、四川北部至西南部。凉山州内产于西昌、德昌、雷波。

五十五、云南杜鹃

云南杜鹃（*Rhododendron yunnanense* Franch.）杜鹃花科杜鹃属杜鹃亚属杜鹃组三花杜鹃亚组

落叶、半落叶或常绿灌木，偶成小乔木，高1～4米。花序顶生或同时枝顶腋生，3～6花，伞形着生或呈短总状；花萼环状或5裂，花冠宽漏斗状，略呈两侧对称，花色呈白色、淡红色或淡紫色，内面有红、褐红、黄或黄绿色斑点，花丝下部或多或少被短柔毛。花期4—6月。

生长于海拔1600～4000米的山坡杂木林、灌丛、松林、松—栎林、云杉或冷杉林缘。分布于陕西南部，四川西部，贵州西部，云南西、西北、北、东北部，西藏东南部。缅甸东北部也有。凉山州内产于冕宁、木里、雷波。

五十六、秀雅杜鹃

秀雅杜鹃（*Rhododendron concinnum* Hemsl.）杜鹃花科杜鹃属杜鹃亚属杜鹃组三花杜鹃亚组

灌木，高1.5～3米。幼枝被鳞片。花序顶生或同时枝顶腋生，2～5花，伞形着生；花色呈紫红色、淡紫或深紫色，内面有或无褐红色斑点。蒴果长圆形，长1～1.5厘米。花期4—6月，果期9—10月。

生长于海拔2300～3800米山坡灌丛、冷杉林带杜鹃林。分布于陕西南部，河南，湖北西部，四川，贵州（水城），云南东北部。凉山州内产于美姑、雷波、越西、冕宁。

五十七、问客杜鹃

问客杜鹃（*Rhododendron ambiguum* Hemsl.）杜鹃花科杜鹃属杜鹃亚属杜鹃组三花杜鹃亚组

灌木，高1～3米。花序顶生，稀同时腋生枝顶，3～7花，伞形着生或短总状；花序轴2～4毫米；花色呈黄色、淡黄色或淡绿黄色。花期5—6月，果期9—10月。

生长于海拔2300～4500米的灌丛或林地。分布于四川中部及西部。凉山州内产于雷波。

多鳞杜鹃

云南杜鹃

秀雅杜鹃

问客杜鹃

毛花杜鹃

粉白杜鹃

海绵杜鹃

反边杜鹃

五十八、毛花杜鹃

毛花杜鹃（*Rhododendron trichanthum* Rehd.）别名长毛杜鹃。杜鹃花科杜鹃属杜鹃亚属杜鹃组三花杜鹃亚组

灌木，高1～3米。花序顶生，2～3花，伞形着生或短总状；花萼长密生刚毛；子房5室，花柱细长，伸出花冠外。蒴果长圆形。花期5—6月，果期9月。

生长于海拔1 600～3 650米的灌丛和林内。分布于四川西部（宝兴、天全、康定、泸定等地）。凉山州内产于雷波。

五十九、粉白杜鹃

粉白杜鹃（*Rhododendron hypoglaucum* Hemsl.）杜鹃花科杜鹃花亚科杜鹃属常绿杜鹃亚属常绿杜鹃组银叶杜鹃亚组

常绿大灌木，高3～10米。总状伞形花序，有花4～9朵；花色呈乳白色稀粉红色。花期4—5月，果期7—9月。

生长于海拔1 500～2 100米的山坡林中。分布于陕西南部、湖北西部、四川东部。凉山州内产于美姑。

六十、海绵杜鹃

海绵杜鹃（*Rhododendron pingianum* Fang）杜鹃花科杜鹃属常绿杜鹃亚属常绿杜鹃组银叶杜鹃亚组

常绿灌木或小乔木，高4～9米。总状伞形花序，有花12～22朵；花冠钟状漏斗形，长3～3.5厘米，粉红色或淡紫红色。花期5—6月，果期9—10月。

生长于海拔2 300～2 700米的山坡疏林中。分布于四川西南部、云南东北部。凉山州内产于雷波。

六十一、反边杜鹃

反边杜鹃（*Rhododendron thayerianum* Rehd. et Wils.）杜鹃花科杜鹃属常绿杜鹃亚属常绿杜鹃组银叶杜鹃亚组

常绿灌木，高3～5米。顶生总状伞形花序，有花10～20朵，无毛，密被腺体；花冠漏斗状，花色呈白色或粉红色。花期5—6月，果期8—10月。

生长于海拔2 600～3 000米的山坡灌木林中。分布于四川西部。凉山州内产于喜德。

六十二、银叶杜鹃

银叶杜鹃（*Rhododendron argyrophyllum* Franch.）杜鹃花科杜鹃花亚科杜鹃属常绿杜鹃亚属常绿杜鹃组银叶杜鹃亚组

常绿小乔木或灌木，高3～7米。总状伞形花序，有花6～9朵；花冠钟状，长2.5～3厘米，花色呈乳白色或粉红色，喉部有紫色斑点。花期4—5月，果期7—8月。

生长于海拔1 600～2 300米的山坡、沟谷的丛林中，在峨眉山一带尤为普遍。分布于四川西部及西南部、贵州西北部及云南东北部。凉山州内产于雷波。

主要亚种

1. 峨眉银叶杜鹃（亚种）

Rhododendron argyrophyllum Franch. subsp. *omeiense*（Rehd. et Wils.）Chamb. ex Cullen et Chamb.

与银叶杜鹃的主要区别：叶片较小，下有淡棕色或淡黄色的毛被；花冠钟状基部微宽阔；子房仅被疏短毛等。花期5月。

生长于海拔1 800～2 000米的山坡林中。分布于四川西部。凉山州内亦有分布。

2. 黔东银叶杜鹃（亚种）

Rhododendron argyrophyllum Franch. subsp. *nankingense*（Cowan）Chamb. ex Cullen et Chamb.

与银叶杜鹃的主要区别：花冠漏斗状，长4～5.5厘米，基部狭窄；果梗长2～2.5厘米。花期4～5月，果期7月。

生长于海拔800～2 300米的山坡椎木林中。分布于四川南部、贵州东部。凉山州内亦有分布。

六十三、繁花杜鹃

繁花杜鹃（*Rhododendron floribundum* Franch.）杜鹃花科杜鹃花亚科杜鹃属常绿杜鹃亚属常绿杜鹃组银叶杜鹃亚组

灌木或小乔木，高2～10米。总状伞形花序，有花8～12朵；花冠宽钟状，花色呈粉红色，长3.5～4厘米，筒部有深紫色斑点，5裂，裂片近圆形。蒴果圆柱状。花期4—5月，果期7—8月。

生长于海拔1 400～2 700米的山坡灌木丛中。分布于四川西南部、贵州西北部及云南东北部。凉山州内产于雷波。

本种叶片上面叶脉下陷，呈泡泡状，下面叶脉显著隆起，被灰白色绵毛，较易于与其他种相区别。

银叶杜鹃

峨眉银叶杜鹃（亚种）

黔东银叶杜鹃（亚种）

繁花杜鹃

长柄杜鹃

长柄杜鹃（原变种）

金山杜鹃（变种）

大钟杜鹃

雷波大钟杜鹃

六十四、长柄杜鹃

长柄杜鹃（*Rhododendron longipes* Rehd. et Wils.）杜鹃花科杜鹃花亚科杜鹃属常绿杜鹃亚属常绿杜鹃组银叶杜鹃亚组

灌木或小乔木，高2～4米。总状伞形花序，有8～12花；花冠漏斗状钟形，长2.5～3厘米，花色呈粉红色或淡紫色，筒部有深紫红色斑点。花期5月。

生长于海拔2 000～2 500米的疏林中或灌木丛中。分布于四川西南部。凉山州内产于雷波。

1.长柄杜鹃（原变种）

Rhododendron longipes Rehd. et Wils. var. *longipes*

该种与银叶杜鹃（*R. argyrophyllum* Franch.）相近，但是该种叶下面有淡棕色的薄毛被；花梗长达2.5～3.5厘米，具稀疏腺体；与雄蕊花丝无毛等特征不同，较易于区别。

生长于海拔2 000～2 500米的疏林中或灌木丛中。分布于四川西南部。凉山州内亦有分布。

2.金山杜鹃（变种）

Rhododendron longipes Rehd. et Wils. var. *chienianum*（Fang）Chamb. ex Cullen et Chamb.

与原变种的区别在于该变种叶较小，下面有较厚的棕色毛被，子房有密的棕色绒毛及腺体，花梗较短等。花期4—5月。

生长于海拔1 700～2 100米的疏林及灌木丛中。分布于四川南部、云南东北部。凉山州内亦有分布。

六十五、大钟杜鹃

大钟杜鹃（*Rhododendron ririei* Hemsl. et Wils.）杜鹃花科杜鹃花亚科杜鹃属常绿杜鹃亚属常绿杜鹃组银叶杜鹃亚组

常绿灌木或小乔木，高2～5米。顶生总状伞形花序，有花5～10朵；花冠钟状，基部宽阔，花色呈紫红色。花期3—5月，果期6—10月。

生长于海拔1 700～1 800米的山坡林缘。分布于四川西南部、峨眉山一带。凉山州内产于雷波。

雷波大钟杜鹃（变种）

Rhododendron ririei subsp. *leiboense* Fang f.

常绿灌木或小乔木，花期3—5月。凉山州内产于雷波。

六十六、芒刺杜鹃

芒刺杜鹃（*Rhododendron strigillosum* Franch.）别称大羊角树。杜鹃花科杜鹃花亚科杜鹃属常绿杜鹃亚属常绿杜鹃组麻花杜鹃亚组

常绿灌木，稀小乔木，高2～10米。顶生短总状伞形花序，有花8～12朵。花期4—6月，果期9—10月。

生长于海拔1 600～3 580米的岩石边或冷杉林中。分布于四川西部、西南部、南部及云南东北部。凉山州内产于冕宁、美姑、雷波。

主要变种

1.芒刺杜鹃（原变种）

Rhododendron strigillosum Franch. var. *strigillosum*

生长于海拔1 600～3 580米的岩石边或冷杉林中。分布于四川西部、西南部、南部及云南东北部。凉山州内亦有分布。

2.紫斑杜鹃（变种）

Rhododendron strigillosum Franch. var. *monosematum*（Hutch.）T. L. Ming.

该变种与原变种不同点在于：叶下面除中脉外其余无毛；花冠钟形，红色或白色。

生长于海拔2 050～3 800米的森林或杜鹃灌丛中。分布于四川西部至西南部及云南。凉山州内亦有分布。

六十七、峨马杜鹃

峨马杜鹃（*Rhododendron ochraceum* Rehd. et Wils.）杜鹃花科杜鹃花亚科杜鹃属常绿杜鹃亚属常绿杜鹃组麻花杜鹃亚组

灌木，高2～6米。顶生短总状伞形花序，有花8～12朵；花冠宽钟形，长2.7～3厘米，直径3～3.3厘米，花色呈深紫红色。花期5—7月，果期8—9月。

生长于海拔1 850～2 800米的密林下。分布于四川东南部和西南部、云南东北部。凉山州内产于雷波。

1.峨马杜鹃（原变种）

Rhododendron ochraceum Rehd. et Wils. var. *ochraceum*

生长于海拔1 850～2 800米的密林下。分布于四川东南部和西南部、云南东北部。凉山州内亦有分布。

2.短果峨马杜鹃（变种）

Rhododendron ochraceum Rehd. et Wils. var. *brevicarpum* W. K. Hu

该变种与原变种的区别在于叶片下面有海绵质的毛被；花冠狭钟形，长达4厘米。蒴果较短，长仅1.3厘米，直径6毫米，有宿存具腺头的刚毛。

生长于海拔1 700～2 960米的竹林内或森林中。分布于四川东南部。凉山州内亦有分布。

芒刺杜鹃

芒刺杜鹃（原变种）

紫斑杜鹃（变种）

峨马杜鹃

峨马杜鹃（原变种）

短果峨马杜鹃（变种）

绒毛杜鹃

露珠杜鹃

露珠杜鹃（原亚种）

红花露珠杜鹃（亚种）

六十八、绒毛杜鹃

绒毛杜鹃（*Rhododendron pachytrichum* Franch.）杜鹃花科杜鹃属常绿杜鹃亚属常绿杜鹃组麻花杜鹃亚组

常绿灌木，高可达5米；树皮灰色；顶生总状花序，生短柔毛；花梗淡红色，花萼小，花冠钟形，淡红色至白色。花期4—5月，果期8—9月。

生长于海拔1 700～3 500米的冷杉林中。分布于陕西南部、四川东南部和西南部、云南东北部。凉山州内产于雷波。

六十九、露珠杜鹃

露珠杜鹃（*Rhododendron irroratum* Franch.）别称黄花马缨、露水杜鹃。杜鹃花科杜鹃花亚科杜鹃属常绿杜鹃花亚属常绿杜鹃组露珠杜鹃亚组露珠杜鹃（原亚种）、红花露珠杜鹃

灌木或小乔木，高2～9米。总状伞形花序，有7～15花；花冠管状或钟状，长3～4厘米，花色呈淡黄色、白色或粉红色，有黄绿色至淡紫红色斑点，5裂，裂片半圆形。蒴果圆柱状。花期3—5月，果期9—10月。

生长于海拔1 700～3 200米的山坡常绿阔叶林或灌木丛中。分布于四川西南部、贵州西北部及云南北部。凉山州各县市均有分布。

主要亚种

1.露珠杜鹃（原亚种）

Rhododendron irroratum Franch. subsp. *irroratum*

该种花冠常为淡黄色，稀为白色或带粉红色，花梗短，长仅1～2厘米，密生红色腺体；子房及花柱通体有红色腺体而无毛；叶椭圆状披针形，两面无毛，较易于同其他各种相区别。

2.红花露珠杜鹃（亚种）

Rhododendron irroratum Franch. subsp. *pogonostylum*（Balf. f. et W. W. Smith）Chamb.

红花露珠杜鹃亦称髯柱露珠杜鹃。该亚种与原亚种的区别是叶较长；花冠常为淡红色，内面被短绒毛；花梗及子房被绒毛和腺体，花柱亦被稀疏绒毛及腺体。花期3—4月。

常生长于1 700～2 400米的山坡常绿阔叶林中。分布于贵州西部、云南东南部。越南北部有分布。凉山州内亦有分布。

七十、川西杜鹃

川西杜鹃（*Rhododendron sikangense* Fang）杜鹃花科杜鹃属常绿杜鹃亚属常绿杜鹃组露珠杜鹃亚组

小乔木或灌木，高3～5米。总状伞形花序，有花8～12朵；花冠钟状，长3～3.5厘米，口径3～4厘米，花色呈淡紫红色，有深紫色斑点。花期6—7月，果期9月。

生长于海拔2 800～3 100米的山坡灌木丛中。分布于四川西部和西南部。凉山州内产于雷波。

主要变种

1.川西杜鹃（原变种）

Rhododendron sikangense Fang var. *sikangense*

该种花期较晚，花冠淡紫红色；子房密被分枝毛，花梗上亦密被绒毛，叶片下面基部的中脉上亦有易脱落的星状毛十分特殊，较易区别。

生长于海拔2 800～3 100米的山坡灌木丛中。分布于四川西部和西南部。凉山州内亦有分布。

2.优美杜鹃（变种）

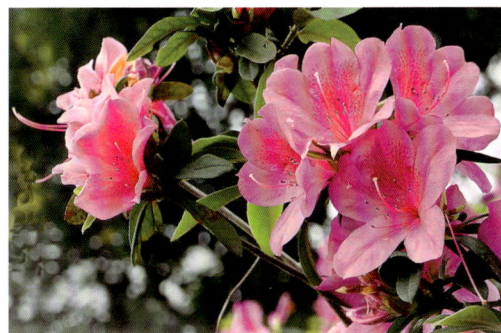

Rhododendron sikangense Fang var. *exquistum*（T. L. Ming）T. L. Ming

该种与原变种的区别是叶较宽，椭圆形至宽椭圆形，长7～9厘米，宽3～5.5厘米，先端急尖，基部截形至浅心形。

生长于海拔3 360～4 500米灌丛或混交林中。分布于云南东北部。凉山州内亦有分布。

七十一、淑花杜鹃

淑花杜鹃（*Rhododendron charianthum* Hutch.）杜鹃花科杜鹃属

常绿灌木，分枝疏；小枝细长，向顶部疏生鳞片。顶生伞房花序有花9～10朵，扁球形；花梗细，长1～1.5厘米，有疏腺体；花萼短，波状浅裂；花呈粉红色。花期3—5月。

生长于竹林中。中国特有的植物，非人工引种栽培，分布于四川。凉山州内产于甘洛。

川西杜鹃

川西杜鹃（原变种）

优美杜鹃（变种）

淑花杜鹃

毛叶杜鹃

毛喉杜鹃

长蕊杜鹃

毛果长蕊杜鹃（变种）

七十二、毛叶杜鹃

毛叶杜鹃（*Rhododendron radendum* Fang）别称毛鹃、大叶杜鹃。杜鹃花科杜鹃花亚科杜鹃属杜鹃亚属髯花杜鹃组

常绿小灌木，高可达1米。花序顶生，密头状，花8～10朵，花梗短，花萼小，裂片卵形，花冠狭管状，花色呈粉红至粉紫色，花丝光滑；5—6月开花。

生长于海拔3 000～4 100米的山地灌丛中或华山松、云南松、高山栎林下。分布于四川西部和西南部。凉山州内产于宁南、冕宁。

七十三、毛喉杜鹃

毛喉杜鹃（*Rhododendron cephalanthum* Franch.）杜鹃花科杜鹃花亚科杜鹃属杜鹃亚属髯花杜鹃组

常绿小灌木，半匍匐状或平卧状，罕直立，高0.3～1.5米。花序顶生，花5～10朵，密集成头状，花萼大，5深裂，裂片长圆形或卵形，花冠狭筒状，花色呈白色或粉红至玫瑰色，子房卵圆形，蒴果卵圆形。花期5—7月，果期9—11月。

生长于海拔3 000～4 600米的多石坡地、高山灌丛草甸，尤为高山杜鹃灌丛的优势种。分布于青海（玉树），四川西北部，云南北部、西北部及中部，西藏东南部及南部。缅甸东北部也有分布。凉山州内产于木里。

七十四、长蕊杜鹃

长蕊杜鹃（*Rhododendron stamineum* Franch.）别称六骨筋、三骨筋。杜鹃花科杜鹃花亚科杜鹃属马银花亚属长蕊组

常绿灌木或小乔木，高可达7米。花常簇生枝顶叶腋；花梗无毛；花萼小；花呈白色，有时呈蔷薇色，漏斗形，裂片倒卵形或长圆状倒卵形，花冠管筒状，蒴果圆柱形。花期4—5月，果期7—10月。

生长于海拔2 400～3 100米的灌丛或疏林内。凉山州内产于宁南、美姑。

主要变种

毛果长蕊杜鹃（变种）

Rhododendron stamineum Franch. var. *lasiocarpum* R. C. Fang et C. H. Yang

毛果长蕊杜鹃（变种）与长蕊杜鹃的区别在于毛果长蕊杜鹃的花梗、子房幼时密被灰白色绒毛，果成熟时无毛或近于无毛。花期4—5月，果期7—8月。

通常生于海拔500～1 600米的灌丛或疏林内。分布于安徽、浙江、江西、湖北、湖南、广东、广西、陕西、四川、贵州和云南。凉山州内产于宁南、昭觉、会理、美姑、雷波。

兴安杜鹃

七十五、兴安杜鹃

兴安杜鹃（*Rhododendron dauricum* L.）别称满山红、达子香、达达香。杜鹃花亚科杜鹃属迎红杜鹃亚属

半常绿灌木，高0.5～2米，分枝多。花序腋生枝顶或假顶生，伞形着生花先叶开放，花冠宽漏斗状，花呈粉红色或紫红色，花药、花柱紫红色，蒴果长圆形。花期5—6月，果期7月。

生长于海拔2 500～3 000米的山地落叶松林、桦木林下或林缘。分布于黑龙江（大兴安岭、小兴安岭），内蒙古（呼伦贝尔市、锡林郭勒盟、满洲里），吉林，辽宁东部山区。凉山州内产于宁南。

七十六、假乳黄杜鹃

假乳黄杜鹃（*Rhododendron rex* Levl. Subsp. *fictolacteum*）杜鹃花科杜鹃花亚科杜鹃属常绿杜鹃亚属常绿杜鹃组杯毛杜鹃亚组大王杜鹃种

常绿灌木或小乔木，高2～8米。叶片较窄，椭圆形、倒卵状椭圆形至倒披针形，宽4～8厘米，下面毛被深棕色。花期4—6月，果期9—10月。

生长于海拔2 900～4 000米的山坡、冷杉林下、杜鹃灌丛中。分布于四川西南部、云南西北部。凉山州内产于金阳、普格、德昌。

假乳黄杜鹃

大王杜鹃

大王杜鹃（原亚种）

可爱杜鹃（亚种）

革叶杜鹃

七十七、大王杜鹃

大王杜鹃（*Rhododendron rex* Levl.）杜鹃花科杜鹃花亚科杜鹃属常绿杜鹃亚属常绿杜鹃组杯毛杜鹃亚组

常绿小乔木，高5～7米，小枝粗壮。总状伞形花序，有花15～20朵；花冠管状钟形，长5厘米，直径4～5厘米，花呈粉红色或蔷薇色，基部有深红色斑点，8裂，裂片近圆形。花期5—6月，果期8—9月。

生长于海拔2 300～3 300米的山坡林中。分布于四川西南部、云南东北部。凉山州各县市均有分布。

主要亚种

1.大王杜鹃（原亚种）

Rhododendron rex Levl. subsp. *rex*

该种叶较宽，常为倒卵状椭圆形，宽达6～13厘米，下面淡灰色至淡黄褐色，色淡，上层毛被有明显的杯状毛，边缘全缘或有疏齿，与其他种较易区别。

生长于海拔2 300～3 300米的山坡林中。分布于四川西南部、云南东北部。凉山州内亦有分布。

2.可爱杜鹃（亚种）

Rhododendron rex Levl. subsp. *gratum*（T. L. Ming）Fang f. *comb.*

与大王杜鹃的区别：叶片下面毛被透明或半透明，不连续，易擦落；花冠无色点。花期4—5月。

生长于海拔3 200米的杜鹃林中。分布于云南西部。凉山州内亦有分布。

七十八、革叶杜鹃

革叶杜鹃（*Rhododendron coriaceum* Franch.）杜鹃花科杜鹃花亚科杜鹃属常绿杜鹃亚属常绿杜鹃组杯毛杜鹃亚组

常绿小乔木或灌木，高3～10米。总状伞形花序，常有8～16花；花冠漏斗状钟形，白色，有淡紫色条纹及紫斑块。蒴果圆柱形。花期5月，果期7—9月。

生长于海拔2 900～3 400米的山坡灌丛中。分布于云南西北部和西藏东南部。凉山州冕宁、普格有分布。

七十九、百合花杜鹃

百合花杜鹃（*Rhododendron liliiflorum* Levl.）杜鹃花科杜鹃属杜鹃亚属杜鹃组有鳞大花亚组

灌木或乔木，高3～8米。幼枝无毛，被鳞片。叶片革质，长圆形，叶面暗绿，叶背粉绿色花序顶生，伞形，有2～3朵花；花萼5裂，萼片长圆状卵形；花冠芳香，管状钟形，长8～9厘米，花呈白色，5裂，裂片全缘。花期5月。

生长于海拔2 600～3 300山坡疏林或灌丛。分布于湖南、广西、贵州、云南（东南部的麻栗坡）。凉山州内产于昭觉、布拖。

百合花杜鹃

八十、冕宁杜鹃

冕宁杜鹃（*Rhododendron mianningense* Z. J. Zhao）杜鹃花科杜鹃花亚科杜鹃属杜鹃亚属杜鹃组有鳞大花亚组

灌木，高约2米。树皮黄色，脱落。花序顶生，伞形，有2朵花；花呈淡黄色，花期4—6月。

生长于海拔3 550米的灌丛中。凉山州内分布于冕宁。

冕宁杜鹃

八十一、假单花杜鹃

假单花杜鹃（*Rhododendron pemakoense* K. Ward）杜鹃花科杜鹃花亚科杜鹃属杜鹃亚属杜鹃组单花杜鹃亚组

常绿矮小、直立或平卧状灌木，高30～60厘米，分枝开展。顶生花序有花1～2朵；花呈紫色，上方裂片有深红色斑点，或花冠淡紫红色而无斑点。花期4—6月，果期9—10月。

生长于海拔3 000～3 600米的峡谷或峭壁上。分布于西藏东南部（察隅、米林）。凉山州内产于美姑、雷波。

假单花杜鹃

八十二、矮小杜鹃

矮小杜鹃（*Rhododendron pumilum* Hook. f.）杜鹃花科杜鹃花亚科杜鹃属杜鹃亚属杜鹃组单花杜鹃亚组

常绿矮小平卧状灌木，高5～10厘米。花序顶生，伞形，有花1～3朵；花冠钟状，长0.8～1.2厘米，淡红紫色至紫红色。蒴果卵形或长圆状卵形。花期4—5月，果期7—9月。

生长于海拔3 000～4 300米的高山灌丛、石坡。分布于云南西北部、西藏东南部。凉山州内产于美姑、金阳。

矮小杜鹃

柳条杜鹃

油叶柳条杜鹃（亚种）

柳条杜鹃（原亚种）

薄叶马银花

招展杜鹃

八十三、柳条杜鹃

柳条杜鹃（*Rhododendron virgatum* Hook. f.）杜鹃花科杜鹃属糙叶杜鹃亚属帚枝杜鹃组

小灌木，高1～2米，上部分枝多。枝条细长，褐色，密被鳞片。叶革质，狭长圆形或长圆状披针形。花序腋生，每花序1～2朵花，于枝上排列成总状式；花冠钟状或漏斗状，长1.5～2厘米，花呈淡红色，偶有白色。花期3～5月。

生长于海拔1 700～3 000米的山坡林缘、灌丛或湿润草地。分布于云南西部至西北部、西藏东南部。凉山州内产于普格。

主要亚种

1.油叶柳条杜鹃（亚种）

Rhododendron virgatum subsp. *oleifolium*（Franch.）*Cullen*

冬季常绿。花冠漏斗形，叶披针形，花呈白色和粉红色。

分布于西藏东南部和云南西北部。凉山州内亦有分布。

2.柳条杜鹃（原亚种）

Rhododendron virgatum Hook.subsp *virgatum*

生长于海拔1 700～3 000米的山坡林缘、灌丛或湿润草地。分布于云南西部至西北部、西藏东南部。不丹、印度锡金也有分布。凉山州内亦有分布。

八十四、薄叶马银花

薄叶马银花（*Rhododendron leptothrium* Balf. f. et Forrest）杜鹃花科杜鹃花亚科杜鹃属马银花亚属马银花组

灌木或小乔木，高3～6米。花单生枝顶叶腋，通常枝端具2～4花；花冠辐状，花呈蔷薇色。花期5—6月，果期9—11月。

生长于海拔1 700～3 200米的灌丛中。分布于云南西北部。缅甸也有分布。凉山州内产于宁南。

八十五、招展杜鹃

招展杜鹃（*Rhododendron megeratum* Balf. f. et Forrest）杜鹃花科杜鹃属杜鹃亚属杜鹃组黄花杜鹃亚组

常绿小灌木，有时附生，高30～60厘米。花序顶生，伞形，1～2朵花。蒴果卵形至长圆状卵形。花期5—6月。

生长于海拔2 500～4 200米的杜鹃灌丛中、或附生于杂木林内、树上及岩壁上。分布于云南西北部、西藏东南部。缅甸东北部、印度东北部也有分布。凉山州内产于美姑。

八十六、硫磺杜鹃

硫磺杜鹃（*Rhododendron sulfureum* Franch.）杜鹃花科杜鹃属杜鹃亚属杜鹃组黄花杜鹃亚组

常绿灌木，高可达1.6米。小枝常密集，被鳞片，叶芽鳞脱落。叶革质，先端圆或钝，上面有光泽、亮或暗绿色，下面密被鳞片灰白色，叶柄粗壮，顶生伞形花序，有4～8朵花，花梗密被鳞片；裂片卵形至长圆形，膜质，黄绿色，花冠宽钟状，花色呈鲜黄、亮黄或深硫黄色，稀绿带橙色，花管外面有鳞片，花柱短，粗壮，蒴果长圆状卵形，花期4月下旬至6月。

生长于海拔2 500～4 000米的灌丛或林中，常附生于树上、峭壁、石岩或漂砾上。分布于云南西部和西北部、西藏东南部。凉山州内产于木里。

硫磺杜鹃

八十七、会东杜鹃

会东杜鹃（*Rhododendron huidongense* T. L. Ming）杜鹃花科杜鹃属常绿杜鹃亚属常绿杜鹃组星毛杜鹃亚组

灌木，高2～5米。枝条粗壮，当年生枝直径约4毫米，嫩绿色，被稀疏短柔毛，老枝无毛。顶生总状伞形花序，有花5～9朵，花萼小，盘状，5裂；花冠钟形，花呈红色，5裂，裂片近圆形；柱头膨大成头状。花期5—6月。

生长于海拔2 800～3 200米的山坡林中。分布于四川西南部。凉山州内产于会东。

会东杜鹃

八十八、尾叶杜鹃

尾叶杜鹃（*Rhododendron urophyllum* Fang）杜鹃花科杜鹃属常绿杜鹃亚属常绿杜鹃组星毛杜鹃亚组

灌木，高3～8米。叶革质，椭圆状披针形或倒卵状披针形，总状伞形花序，有花10～12朵，花萼小，5裂，裂片三角状卵形，花冠钟状，花呈深红色，5裂，裂片近于圆形，花丝无毛。子房卵圆形，花期3—5月。

生长于海拔1 200～1 600米的常绿阔叶林中。分布于四川西南部。凉山州内产于雷波。

尾叶杜鹃

亮鳞杜鹃

毛冠亮鳞杜鹃（变种）

灰褐亮鳞杜鹃（变种）

红棕杜鹃

洁净红棕杜鹃

八十九、亮鳞杜鹃

亮鳞杜鹃（*Rhododendron heliocepis* Franch.）别名短柱杜鹃。杜鹃花科杜鹃属杜鹃亚属杜鹃组亮鳞杜鹃亚组

常绿灌木，高1～5米，有时长成小乔木，高5～6米。花序顶生，5～10朵花，伞形着生；花萼边缘浅波状，花冠钟状，长2.5～3.5厘米，花色呈粉红色、淡紫红色或偶为白色，内有紫红色斑。蒴果长圆形。花期7—8月，果期8—11月。

生长于海拔3 000～4 000米的针—阔叶混交林、冷杉林缘、杜鹃矮林。分布于四川西南、云南中部（禄劝）至西北部、西藏东南部（察隅）。凉山州内产于雷波。

1.毛冠亮鳞杜鹃（变种）

Rhododendron heliolepis Franch. var. *oporinum*（Ball. f. et K. Ward）A. L. Chang ex R. C. Fang

与原变种不同在于花冠外除有鳞片外还被微柔毛。

生长于海拔3 400米的山坡林间灌丛。分布于云南（福贡）。凉山州内亦有分布。

2.灰褐亮鳞杜鹃（变种）

Rhododendron heliolepis Franch. var. *fumidum*（Balf. f. et W. W. Smith）R. C. Fang

该变种的特征是花柱无毛，花冠紫红色，内有红褐色斑点，叶片干后上面暗褐色，下面褐色。

生长于海拔3 200～3 500米的山坡灌丛、高山杜鹃林或山谷湿润地。分布于云南东北（禄劝、巧家等地）。凉山州内亦有分布。

九十、红棕杜鹃

红棕杜鹃（*Rhododendron rubiginosum* Franch）别名茶花叶杜鹃。杜鹃花科杜鹃属杜鹃亚属杜鹃组亮鳞杜鹃亚组

常绿灌木或成小乔木，高达10米。花序顶生，5～7朵花，伞形着生；花梗密被鳞片；花萼短小，花冠宽漏斗状，花色呈淡紫色、紫红色、玫瑰红色、淡红色，花丝下部被短柔毛；花柱长过雄蕊，蒴果长圆形。花期3—6月，果期7—8月。

生长于海拔2 500～4 200米的云杉、冷杉、落叶松林林缘或林间间隙地，或黄栎、杉木等针—阔叶混交林，常成群落中的优势种。分布于四川西南部、云南西北部至东北部、西藏东南（察隅）。凉山州内产于普格、德昌。

主要变种

1.洁净红棕杜鹃

Rhododendron rubiginosum Franch. var. *leclerei*（Levl.）R. C. Fang

本变种与原变种不同在于花丝完全无毛，花萼外无鳞片或仅边缘有少数鳞片。

生长于海拔3 200～3 600米的山坡灌丛。分布于云南禄劝、东川。

2. 毛柱红棕杜鹃

Rhododendron rubiginosum Franch. var. *ptilostylum* R. C. Fang

本变种的特征是花柱下部有微柔毛。

生长于海拔3 200～3 300米杜鹃—落叶阔叶林，冷杉林缘或山坡灌丛。分布于云南丽江玉龙山、禄劝拱王山（乌蒙山）。凉山州内亦有分布。

毛柱红棕杜鹃

九十一、雷波杜鹃

雷波杜鹃（*Rhododendron leiboense* Z. J. Zhao）杜鹃花科杜鹃属杜鹃亚属越桔杜鹃组类越桔杜鹃亚组

附生灌木，高约1米。花序顶生，2朵花，伞形着生；花萼小，基部密生鳞片，顶端圆形；花冠钟状，外面疏生鳞片，蒴果未见。

生长于海拔1 460米之处，分布于四川雷波、甘洛、峨眉至洪雅。

雷波杜鹃

九十二、宝兴杜鹃

宝兴杜鹃（*Rhododendron moupinense* Franch）杜鹃花科杜鹃属杜鹃亚属杜鹃组川西杜鹃亚组

灌木，有时附生，高1～1.5米。花序顶生，1～2朵花，伞形着生；花冠宽漏斗状，长约4厘米，花呈白色或带淡红色，内有红色斑点，外面洁净。花期4—5月，果期7—10月。

通常附生于海拔1 900～2 000米的林中树上，或生于岩石上，分布于四川东南部至中西部、贵州（梵净山）、云南东北部。凉山州内产于雷波。

宝兴杜鹃

九十三、石生杜鹃

石生杜鹃，正名为饰石杜鹃（*Rhododendron petrocharis* Diels）杜鹃花科杜鹃属杜鹃亚属杜鹃组川西杜鹃亚组

灌木，附生，高0.5～1米。花序顶生，1或2朵花，伞形着生；花芽鳞宿存或早落；花冠宽漏斗状，长2-3厘米，花呈白色，外面无鳞片，无毛，内面近无毛。

附生于海拔1 800米的岩壁。分布于四川中北部。凉山州内产于雷波。

石生杜鹃

九十四、树生杜鹃

树生杜鹃（*Rhododendron dendrocharis* Franch.）杜鹃花科杜鹃属杜鹃亚属杜鹃组川西杜鹃亚组

灌木，通常附生，高50～70厘米。花序顶生，1或2朵花，伞形着生；花冠宽漏斗状，长1.5～2.5厘米，鲜玫瑰红色，外面无鳞片，无毛，内面筒部有短柔毛，上部有深红色斑点。花期4—6月，果期9—10月。

常附生于海拔2 600～3 000米的冷杉、铁杉或其他阔叶树上。分布于四川中南部至中西部。凉山州内产于雷波。

树生杜鹃

银灰杜鹃

白碗杜鹃

漏斗杜鹃

九十五、银灰杜鹃

银灰杜鹃（*Rhododendron sidereum* Balf. f.）杜鹃花科杜鹃属常绿杜鹃亚属常绿杜鹃组大叶杜鹃亚组

常绿灌木或小乔木，高 3～10 米。顶生总状伞形花序，有花 14～20 朵；花冠斜钟形，长 3.5～4 厘米，花呈乳白色至淡黄色，里面基部具紫红色蜜腺囊。花期 4—5 月，果期 7—9 月。

生于海拔 2 403～4 000 米的混交林中。分布于云南西部和西北部。缅甸东北部也有分布。凉山州内产于普格。

九十六、白碗杜鹃

白碗杜鹃（*Rhododendron souliei* Franch.）杜鹃花科杜鹃属常绿杜鹃亚属常绿杜鹃组弯果杜鹃亚组

常绿灌木，高 1.5～2 米。总状伞形花序，有花 5～7 朵；花冠钟状、碗状或碟状，中部宽阔，长 2.5～3.5 厘米，直径 5～6 厘米，花呈乳白色或粉红色，5 裂，裂片近圆形。蒴果圆柱状，成熟后常弯曲，有宿存的腺体。花期 6—7 月，果期 8—9 月。

生长于海拔 3 000～3 800 米的山坡、冷杉林下及灌木丛中。分布于四川西南部、西藏东部。凉山州内产于普格。

九十七、漏斗杜鹃

漏斗杜鹃（*Rhododendron dasycladoides* Hand. -Mazz）杜鹃花科杜鹃属常绿杜鹃亚属常绿杜鹃组漏斗杜鹃亚组

常绿灌木或小乔木，高 2～5 米。总状伞形花序，有 5～8 朵花；花冠漏斗状，长 2.8～3.5 厘米，花呈玫瑰色，喉部布紫色斑点，5 裂，裂片圆形，长约 1.2 厘米，顶端有凹缺。花期 5 月。

生长于海拔 3 050～4 000 米的林中。分布于四川西南部、云南西北部。凉山州内产于普格、木里。

本种与毛枝多变杜鹃〔*Rhododendron Selense* Franch. subsp. *Dascladum*（Balf. F. eC W. W. Smith）Chamb.〕相近，但是本种幼枝、叶柄及花梗上密被腺毛及长柄腺体；叶长椭圆形，基部圆形或心形，花萼大，长 5～8 毫米，外面及边缘有稀疏硬毛等不同特征，较易区别。

钟花杜鹃

九十八、钟花杜鹃

钟花杜鹃（*Rhododendron campanulatum* D. Don）杜鹃花科杜鹃属常绿杜鹃亚属常绿杜鹃组钟花杜鹃亚组

常绿灌木，高1～4.5米。顶生总状伞形花序，有花6～12朵，花萼小，裂片5，三角形或半圆形，花冠宽钟形，花呈白色或淡蔷薇色或紫丁香色，内面上方多少具紫色斑点，裂片5，圆形，花丝扁平。花期5—6月，果期7—9月。

生于海拔3 150～4 000米的山坡杜鹃灌丛中。凉山州内分布于越西、喜德。

1.钟花杜鹃（原亚种）

Rhododendron campanulatum D. Don subsp. *campanulatum*

该亚种叶通常宽椭圆形，幼时上面不具金属光泽，下面毛被薄，淡黄色或黄褐色，花呈白色、淡蔷薇色或紫丁香色，子房无毛，易与其他种相区别。

钟花杜鹃（原亚种）

2.铜叶钟花杜鹃（亚种）

Rhododendron campanulatum D.Don subsp. *aeruginosum*（Hook. f.）Chamb. ex Cullen et Chamb.

该亚种和原亚种的区别在于叶较短，通常长5～9.5厘米，幼时上面具蓝色金属光泽，下面毛被厚，锈黄色，花呈紫丁香色或紫色。

生于海拔3 750～4 300米的山坡疏林或灌丛中。分布于西藏南部。凉山州内亦有分布。

铜叶钟花杜鹃（亚种）

第四章
凉山州索玛花
旅游资源特点与开发

花卉是一种独特的旅游资源，赏花旅游是指以各种植物花卉资源为核心吸引物，以满足旅游者休闲观光、审美体验及科普知识等多样化旅游需求为目的，借助一定的旅游服务设施而开展的主题旅游活动。随着社会经济的不断发展，人民生活水平的日益提高，全国各地都兴起了一股以花卉为主题的赏花游热潮。赏花经济因其所带来的巨大综合效益，不少游客踏着春风寻花去，赏花游迎来了属于自己的高光时刻。

大凉山每到索玛花开的季节，一座座花山花儿怒放，一个个村寨索玛争妍，犹如索玛花王国，每年花期吸引了众多游客，旅游开发潜力巨大。

第一节 凉山索玛花具有鲜明的特点

一是面积大、分布广。凉山野生索玛花面积达百万亩，遍布全州。据统计，比较集中的索玛花重点区域分别是：金阳县百草坡自然保护区、会理市龙肘山风景区、会理市黄柏片区、普格县海口牧场、昭觉县谷克德、德昌县姑姑山森林公园、喜德县小山风景区、美姑县黄茅埂片区、木里县长海子牧场、木里县陇撒牧场—玛娜茶金观景台沿线、木里县水洛河公路沿线、盐源县右所乡兰天村、盐源县卫城镇香房村大哨垭口、盐源县牦牛山畜牧场、盐源县黄草镇元宝村、越西县猫儿山、越西县瓦吉木梁子、越西县申果庄保护区、宁南县鲁南山牧场、布拖县乌科牧场、雷波县嘛咪泽。每到索玛花开的季节，可谓千里大凉山，百里索玛艳，蔚为壮观。

二是品种多、花期长。凉山州特殊的地理位置和自然条件适合索玛植物的生长繁衍。据调查，凉山州有野生索玛花120多种（含亚种、变种等），分属杜鹃属的杜鹃亚属、常绿杜鹃亚属、映山红亚属、糙叶杜鹃亚属、迎红杜鹃亚属等6个亚属。几乎占四川省种类的70%。凉山索玛花一般分布于海拔1 000-4 300米的区域，规模化分布集中在海拔2 200-4 000米区域内，比较著名的有30多种，并拥有以产地命名的凉山杜鹃、西昌杜鹃、普格杜鹃、雷波杜鹃等独特品种。凉山原始林地中保存着罕见的木里枯鲁杜鹃、会东杜鹃等野生索玛花珍稀品种。

凉山野生索玛是川鹃中的上品，从3月绽放到7月，长达5个月，从山谷到山峰次第开放，红、粉、黄、紫、白等花色齐全，花冠硕大，色彩艳丽，千姿百态，五彩缤纷，美不胜收。

三是特色鲜明。雄浑的大山，旖旎的风光，十里不同天的立体气候，赋予了凉山索玛花五彩缤纷、暗香浮动、风姿绰约、韵味悠长，"色、香、姿、韵"俱佳的鲜明特色：螺髻山的大叶杜鹃、黄花杜鹃、大白杜鹃、云南杜鹃、棕背杜鹃、乳黄杜鹃，会理龙肘山黄色云锦杜鹃、大王杜鹃、绿点杜鹃、长蕊杜鹃、团叶杜鹃、美容杜鹃，还有木里枯鲁杜鹃、会东杜鹃等都独具特色。高山冷杉林里还有时光中遗存的千年杜鹃，甚至还有一树开几种花的奇观。每到开花季节，色彩斑斓的索玛花或伫立峰顶，刚强不屈；或悬于陡崖，丹岩霁红；或隐于溪畔，娇花照水；或显于山谷，野性热烈；或生于草地，大气磅礴；或星星点点林间，万绿丛中一点红；或漫山遍野竞放，幻化成花的海洋。无论林间、高山、幽谷，还是草甸、溪畔，索玛花尽情绽放着红、白、粉、紫、黄的花朵，就像五彩祥云飘在空中，浮在山间。索玛花似海，满山浮暗香，给森林景观增添了迷人魅力。

四是传承和保留着中国最古朴、最浓郁、最独特的多彩民风。大凉山彝族风情浓郁多彩，摩梭风情别有情趣，傈僳族风情迷人，藏族风神秘而独特，邛海渔家风情与索玛花节、火把节相融而生，交相辉映，具有鲜明的民俗特色。依托多彩的民族风情，打造赏花民俗精品旅游大有可为。

浓郁的彝族风情

在凉山，流传着这样一句谚语，"索玛花开时就是欢乐来到的时候"。每年春夏，大凉山满山遍野的索玛花灿烂盛开的时候，也是索玛花节、火把节来到的时候。索玛花节与火把节交相辉映。每当节日来临，彝族各村寨都要举行隆重的祭祀活动，祭花神、祭火驱除邪恶，开展赛马、摔跤、唱歌、斗牛、斗羊、斗鸡，唱起"朵洛荷"、跳起达体舞、彝家选美等丰富多彩的活动。展现彝族人民尊重自然规律，追求幸福生活的美好愿望。

神秘的摩梭风情

　　盐源索玛花魅力无限，而神奇独特的摩梭风情令人向往。摩梭人生活在云南、四川交界处的泸沽湖畔，摩梭人独特的"母系大家庭"和"走婚"制度，一直是世人关注的话题。同时摩梭人也是今存于世的最后一个母系氏族部落，人类社会发展到21世纪的今天，泸沽湖畔仍保留着母权制家庭形式，被人们称为"神秘的女儿国"。

多彩的渔家风情

　　邛海与泸山，构成了泸山邛海风景区，是四川省十大风景名胜之一。泸山邛海风景区与西昌城区相依相融，组成了国内不多见的山、湖、城连为一体的组合景观，其景色概括起来就是松、风、水、月、情。到这里除了游览湖光山色美景，体验一座春天栖息的城市独特的气候以外，还可领略这里浩荡彝风、浪漫月色和多彩渔家风情。

迷人的傈僳族风情

德昌县傈僳族原生态歌舞、服饰、婚俗、阔时节、口弦、葫芦笙等极具民族特色，风情浓郁 。

第二节 凉山索玛花旅游开发

凉山索玛花旅游，在做好保护的前提下，具备打造国内外著名的索玛花旅游品牌，促进旅游发展的巨大前景。基于凉山特有的索玛花资源，针对其面积大、分布广、花期长、品种多，"色、香、姿、韵"俱佳的观赏特性，文化内涵深厚、风情多姿多彩等特点，根据开发条件做好景区规划，按照地域特色、花期以及多姿多彩的民族风情，抓住差异化制订开发计划，建设一批独具特色的索玛花景区景点和索玛花精品旅游线路。

一是不断优化赏花游产品结构。旅游产品种类朝多元化、体验化发展，由单一观光旅游产品向休闲度假为基础的多元休闲旅游产品转变，从单纯服务型旅游产品向创新化、体验化旅游产品转型。

西昌马鞍山乡索玛花展，在邛海湿地亮相。花色雍容华贵、花球硕大的红珍珠、红粉佳人、至尊、锦缎、红杰克竞相怒放供游人观赏。一抹别样红在为湿地春光"景"上添花的同时，也为彝家村民创了收。

二是加强赏花经济产业链延伸开发。根据索玛花季的特点，设计不同组合的赏花旅游线路，增加游客在区内的停留时间，带动餐

央视黄金时间播出电视连续剧《金色索玛花》

饮、住宿、娱乐等行业的发展。利用各类花卉制作花茶、干花、花囊，提炼植物精油、天然香精香料，生产花蜜、观赏盆景，以花为背景制作凉山风光明信片、装饰画，以赏花游景点作为婚纱照外景、摄影写真、影视剧拍摄基地。

三是挖掘索玛花文化内涵，提升赏花游的境界。花卉只是一种媒介，游客更多是被花卉中蕴含的文化所吸引。因此，花卉文化是花卉旅游的核心吸引物，也是提升凉山赏花游竞争力的关键。

在索玛花开的时节，植入凉山索玛花文化，让游客体验多姿多彩的民族风情，唱响索玛花，使文化与旅游互融互通，以文化作为支撑赏花游产业发展的强大内核，使赏花游成为代表凉山形象的亮丽名片。

四是以花为媒，打造凉山红色文化。全力推进红色旅游融合发展示范区，打造"长征丰碑·团结之旅"红色旅游品牌，开发推出长征系列精品旅游线路，打造以西昌为中心、中央红军主力过凉山的红色旅游路线为主线，红九军团过凉山和泸沽分兵奔袭大树堡两条红色旅游路线为支线，以皎平渡渡江遗址、会理会议遗址、彝海结盟纪念地三大红色旅游景区，西昌市礼州镇、冕宁县城厢镇、会理市城关镇、会理市通安镇、越西县越城镇五个红色旅游城镇为依托打造红色旅游文化。让浸孕着红色基因的索玛花，像星星之火点燃凉山的红色旅游。

附录一　凉山州索玛花主要品种表

西昌市野生索玛花品种表

中文名	拉丁名	性状	花期	分布区域/米	生境
亮毛杜鹃	*Rhododendron micropyton* Franch	常绿直立灌木	3—5月	1 300～3 200	山脊或灌丛中
糙叶杜鹃	*Rhododendron scabrifolium* French	常绿灌木或小乔木	3—5月	2 200～4 000	云南松林下铁仔及密油枝等灌木中
柔毛杜鹃	*Rhododendron pubescens* Balf.f.et Forrest	常绿小灌木	3—5月	2 000～3 500	干燥瘠薄云南松林下及灌木丛
皱皮杜鹃	*Rhododendron wilonii.* French	常绿乔木	3—5月	3 000	灌木丛中
美容杜鹃	*Rhododendron calophytum* French	常绿小乔木	3—5月	1 300～3 400	常绿灌木或小乔木丛中
腋花杜鹃	*Rhododendron racemosum* French	常绿小灌木	3—5月	1 500～4 300	云南松林、松栎混交林内
露珠杜鹃	*Rhododendron irroratum* French	常绿灌木或小乔木	3—5月	2 000～3 000	云南松林下和山坡、灌木丛中
大王杜鹃	*Rhododendron rex* Levl	常绿小乔木	3—5月	2 500～4 000	山坡，常绿阔叶林，冷杉、云杉、铁杉林或灌丛中
大白杜鹃	*Rhododendron decorum* Franch	常绿灌木	3—5月	1 800～3 600	山林中
亮叶杜鹃	*Rhododendron vernicosum* Franch	常绿灌木	3—5月	2 800～3 200	山地、灌丛
多鳞杜鹃	*Rhododendron polylepis* Franch	常绿灌木	3—5月	3 000～3 100	林下、草地
凹叶杜鹃	*Rhododendron davidsonianum* Rehd.et Wils	常绿灌木	3—5月	1 600～2 000	灌丛、草坡
毛肋杜鹃	*Rhododendron angustinii* Hemsl	常绿灌木	3—5月	2 500～2 600	山坡针叶林下或灌丛中
千里香杜鹃	*Rhododendron thymifolium* Maxim.	常绿小灌木	3—5月	2 800～4 750	林缘或高山灌丛及山坡
栎叶杜鹃	*Rhododendron phaeochrysum* Balf.f.et W.W.Sm.	常绿灌木	3—5月	3 300～3 900	针叶林下或高山灌丛中

德昌县姑姑山野生索玛花品种表

中文名	拉丁文名	性状	花期	分布海拔/米	生境
大白杜鹃	*Rhododendron decorum* Franch	常绿灌木或小乔木	4—6月	1 000～3 300	灌丛中或森林下
红棕杜鹃	*Rhododendron rubiginosum* Franch.	常绿灌木或小乔木	4—6月	2 800～4 200	灌丛中或森林下
多鳞杜鹃	*Rhododendron polylepis* Franch.	灌木或小乔木	4—5月	1 500～3 300	林内或灌丛
皱皮杜鹃	*Rhododendron wiltonii* Hemsl. et Wils.	常绿灌木	5—6月	2 200～3 300	高山丛林中
露珠杜鹃	*Rhododendron irroratum* Franch.	常绿灌木或小乔木	3—5月	1 700～3 200	山坡常绿阔叶林中或灌木丛中
凹叶杜鹃	*Rhododendron davidsonianum* Rehd. et Wils	常绿灌木	4—5月	1 500～3 600	灌丛、林间空地或松林
腋花杜鹃	*Rhododendron racemosum* Franch.	小灌木	3—5月	1 500～3 800	松栎林下，灌丛草地或冷杉林缘
美容杜鹃	*Rhododendron calophytum* Franch	常绿灌木或小乔木	4—5月	1 300～4 000	森林中或冷杉林下
乳黄杜鹃	*Rhododendron lacteum* Franch.	常绿灌木或小乔木	4—5月	3 000～4 050	冷杉林下或杜鹃灌丛中
山育杜鹃	*Rhododendron oreotrephes* W.W.Sm.	常绿灌木	5—7月	2 100～3 700	针叶-落叶阔叶混交林、黄栎-杜鹃灌丛、落叶松林缘或冷杉林缘

会理市龙肘山野生索玛花品种表

中文名	拉丁文名	性状	花期	分布海拔/米	生境
云锦杜鹃	*Rhododendron fortuneilindl.*	常绿灌木或小乔木	5月	2 500～3 000	山脊阳处或林下
大王杜鹃	*Rhododendron rex* Levl.	小乔木	4—6月	2 500～3 000	山坡林中
绿点杜鹃	*Rhododendron searsiae* Rehd. et Wils.	灌木	5—6月	2 500～3 000	灌丛或林内
团叶杜鹃	*Rhododendron orbiculare* Decne.	灌木	5—6月	2 500～3 000	岩石上或针叶林下
美容杜鹃	*Rhododendron calophytum* Franch	常绿灌木或小乔木	4—5月	2 500～3 000	森林中或冷杉林下

续表

中文名	拉丁文名	性状	花期	分布海拔/米	生境
长蕊杜鹃	*Rhododendron stamineum* Franch.	常绿灌木或小乔木	4—5月	2 500～3 000	杂木林内
亮叶杜鹃	*Rhododendron vernicosum* Franch.	常绿灌木或小乔木	4—6月	2 500～3 000	森林中
皱皮杜鹃	*Rhododendron wiltonii* Hemsl. et Wils.	常绿灌木	5—6月	2 500～3 000	高山丛林中
大叶杜鹃	*Rhododendron faberisp. prattii*	常绿灌木或小乔木	4—5月	2 500～3 000	灌丛或林内
小叶杜鹃	*Rhododendron parvifolium* Adams	常绿小灌木	5—6月	2 500～3 000	高山草原、灌丛林或杂木林中

会理市黄柏—花木梁子野生索玛花品种表

中文名	拉丁文名	性状	花期	分布海拔/米	生境
云锦杜鹃	*Rhododendron fortuneilindl.*	常绿灌木或小乔木	5月	2 300～3 000	山脊阳处或林下
大王杜鹃	*Rhododendron rex* Levl.	小乔木	4—6月	2 300～3 000	山坡林中
绿点杜鹃	*Rhododendron searsiae* Rehd. et Wils.	灌木	5—6月	2 300～3 000	灌丛或林内
团叶杜鹃	*Rhododendron orbiculare* Decne.	灌木	5—6月	2 300～3 000	岩石上或针叶林下
美容杜鹃	*Rhododendron calophytum* Franch	常绿灌木或小乔木	4—5月	2 300～3 000	森林中或冷杉林下
长蕊杜鹃	*Rhododendron stamineum* Franch.	常绿灌木或小乔木	4—5月	2 300～3 000	杂木林内
亮叶杜鹃	*Rhododendron vernicosum* Franch.	常绿灌木或小乔木	4—6月	2 300～3 000	森林中
皱皮杜鹃	*Rhododendron wiltonii* Hemsl. et Wils.	常绿灌木	5—6月	2 300～3 000	高山丛林中
大叶杜鹃	*Rhododendron faberisp. prattii*	常绿灌木或小乔木	4—5月	2 300～3 000	灌丛或林内
小叶杜鹃	*Rhododendron parvifolium* Adams	常绿小灌木	5—6月	2 300～3 000	高山草原、灌丛林或杂木林中

普格县海口牧场野生索玛花品种表

中文名	拉丁文名	性状	花期	分布海拔/米	生境
美容杜鹃	*Rhododendron calophytum* Franch	常绿灌木或小乔木	4—5月	1 300～4 000	森林中或冷杉林下
大白杜鹃	*Rhododendron decorum* Franch	常绿灌木或小乔木	4—6月	1 000～3 300	灌丛中或森林下
红棕杜鹃	*Rhododendron rubiginosum* Franch.	常绿灌木或小乔木	4—6月	2 800～4 200	灌丛中或森林下
普格杜鹃	*Rhododendron pugeense* L. C. Hu	灌木，幼枝密被黄锈色树状分枝毛	5月	3 500	高山杜鹃灌丛中
棕背杜鹃	*Rhododendron alutaceum* Balf. f. et W. W. Smith	常绿灌木	6—7月	3 250～4 300	高山岩坡灌丛中或针叶林下
毛脉杜鹃	*Rhododendron pubicostatum* T. L. Ming	常绿灌木	5月	2 200～3 650	高山岩坡灌丛中或针叶林下
漏斗杜鹃	*Rhododendron dasycladoides* Hand. –Mazz.	常绿灌木或小乔木	5月	3 050～4 000	高山岩坡灌丛中或针叶林下
腋花杜鹃	*Rhododendron racemosum* Franch.	小灌木	3—5月	1 500～3 800	松林、松栎林下，灌丛草地或冷杉林缘
皱皮杜鹃	*Rhododendron wiltonii* Hemsl. et Wils.	常绿灌木	5—6月	2 200～3 300	高山丛林中
锈红杜鹃	*Rhododendron bureavii* Franch.	常绿灌木	5—6月	2 800～4 500	高山针叶林下或杜鹃灌丛中
油叶杜鹃	*Rhododendron virgatum* subsp. *oleifolium* (Franch.) Cullen	小灌木	3—5月	2 800～3 900	山地、灌丛
密枝杜鹃	*Rhododendron fastigiatum* Franch.	常绿灌木、常成垫状或平卧	5—6月	3 000～4 500	高山砾石草地、杜鹃灌丛
中甸杜鹃	*Rhododendron zhongdianense* L. C. Hu	常绿灌木	6月	3 700	林中

普格县螺髻山野生索玛花集中分布区杜鹃花品种表

中文名	拉丁名	性状	花期	分布海拔/米	生境
乳黄杜鹃	*Rhododendron lacteum* Franch.	常绿灌木或小乔木	4—5月	3 000～4 050	冷杉林下或杜鹃灌丛中
假乳黄杜鹃	*Rhododendron fictolactum* Balf.f.	常绿灌木或乔木	4—6月	2 950～4 100	山坡、冷杉林下、杜鹃灌丛中
大王杜鹃	*Rhododendron rex* Levl.	常绿小乔木	5—6月	2 300～3 300	山坡林中
美容杜鹃	*Rhododendron calophytum* Franch	常绿灌木或小乔木	4—5月	1 300～4 000	森林中或冷杉林下
大白杜鹃	*Rhododendron decorum* Franch	常绿灌木或小乔木	4—6月	1 000～3 300	灌丛中或森林下
红棕杜鹃	*Rhododendron rubiginosum* Franch	常绿灌木或小乔木	4—6月	2 800～4 200	灌丛中或森林下
普格杜鹃	*Rhododendron pugeense* L. C. Hu	灌木，幼枝密被黄锈色树状分枝毛	5月	3 500	高山杜鹃灌丛中
棕背杜鹃	*Rhododendron alutaceum* Balf. f. et W. W. Smith	常绿灌木	6—7月	3 250～4 300	高山岩坡灌丛中或针叶林下
毛脉杜鹃	*Rhododendron pubicostatum* T. L. Ming	常绿灌木	5月	2 200～3 650	高山岩坡灌丛中或针叶林下
漏斗杜鹃	*Rhododendron dasycladoides* Hand. –Mazz.	常绿灌木或小乔木	5月	3 050～4 000	高山岩坡灌丛中或针叶林下
腋花杜鹃	*Rhododendron racemosum* Franch.	小灌木	3—5月	1 500～3 800	松林、松栎林下，灌丛草地或冷杉林缘
皱皮杜鹃	*Rhododendron wiltonii* Hemsl. et Wils.	常绿灌木	5—6月	2 200～3 300	高山丛林中
亮毛杜鹃	*Rhododendron microphyton* Franch.	常绿直立灌木	3—6月，稀至9月	1 300～3 200	山脊或灌丛中
锈红杜鹃	*Rhododendron bureavii* Franch.	常绿灌木	5—6月	2 800～4 500	高山针叶林下或杜鹃灌丛中
油叶杜鹃	*Rhododendron virgatum* subsp. *oleifolium* (Franch.) Cullen	小灌木	3—5月	2 800～3 900	山地、灌丛

昭觉县野生索玛花品种表

中文名	拉丁名	性状	花期	分布海拔/米	生境
美容杜鹃	*Rhododendron calophytum* Franch	常绿灌木或小乔木	4—5月	1 300～4 000	森林中或冷杉林下
腋花杜鹃	*Rhododendron racemosum* Franch.	小灌木	3—5月	1 500～3 800	松林、松栎林下，灌丛草地或冷杉林缘
大白杜鹃	*Rhododendron decorum* Franch	常绿灌木或小乔木	4—6月	1 000～3 300	灌丛中或森林下
小叶杜鹃	*Rhododendron parvifolium* Adams	常绿小灌木	6—7月	2 500～3 600	高山草原、灌丛林或杂木林中
大王杜鹃	*Rhododendron rex* Levl.	常绿小乔木	5—6月	2 300～3 300	山坡林中
密枝杜鹃	*Rhododendron fastigiatum* Franch.	常绿小灌木	6月	2 900～3 400	灌丛、坡地
皱皮杜鹃	*Rhododendron wiltonii* Hemsl. et Wils.	常绿灌木	5—6月	2 200～3 300	高山丛林中
毛肋杜鹃	*Rhododendron augustinii* Hemsl.	常绿灌木	4—5月	1 000～2 100	山谷、山坡林中、山坡灌木林或岩石上
肉色杜鹃	*Rhododendron carneum* Hutch.	半常绿灌木	4—5月	1 300～2 800	山坡、灌丛
千里香杜鹃	*Rhododendron thymifolium* Maxim.	常绿直立小灌木	5—7月	2 400～4 800	湿润阴坡或半阴坡、林缘或高山灌丛中

金阳县野生索玛花品种表

中文名	拉丁名	性状	花期	分布海拔/米	生境
美容杜鹃	*Rhododendron calophytum* Franch	常绿灌木或小乔木	4—5月	1 300～4 000	森林中或冷杉林下
腋花杜鹃	*Rhododendron racemosum* Franch.	小灌木	3—5月	1 500～3 800	松林、松栎林下，灌丛草地或冷杉林缘
大白杜鹃	*Rhododendron decorum* Franch	常绿灌木或小乔木	4—6月	1 000～3 300	灌丛中或森林下
山育杜鹃	*Rhododendron oreotrephes* W. W. Sm.	常绿灌木或小乔木	5—6月	2 100～3 700	针叶–落叶阔叶混交林、黄栎–杜鹃灌丛、落叶松林缘或冷杉林缘
麻点杜鹃	*Rhododendron clementinae* Forrest	常绿灌木	5—6月	3 200～4 100	高山针叶林缘或杜鹃灌丛中

续表

中文名	拉丁名	性状	花期	分布海拔/米	生境
露珠杜鹃	*Rhododendron irroratum* Franch.	常绿灌木或小乔木	3—5月	1 700～3 200	山坡常绿阔叶林中或灌木丛中
皱皮杜鹃	*Rhododendron wiltonii* Hemsl. et Wils.	常绿灌木	5—6月	2 200～3 300	高山丛林中
毛肋杜鹃	*Rhododendron augustinii* Hemsl.	常绿灌木	4—5月	1 000～2 100	山谷、山坡林中、山坡灌木林或岩石上
乳黄杜鹃	*Rhododendron lacteum* Franch.	常绿灌木或小乔木	4—5月	3 000～4 050	冷杉林下或杜鹃灌丛中
大王杜鹃	*Rhododendron rex* Levl.	常绿小乔木	5—6月	2 300～3 300	山坡林中
康定杜鹃	*Rhododendron faberi* Hemsl. subsp.prattii (Franch.) Chamb ex Cullen et Chamb.	常绿灌木	5—6月	2 800～3 950	杜鹃灌丛中或针叶林缘
矮小杜鹃	*Rhododendron pumilum* Hook. f.	常绿矮小平卧状灌木	4—5月	3 000～4 300	高山灌丛、石坡
锈红杜鹃	*Rhododendron bureavii* Franch.	常绿灌木	5—6月	2 800～4 500	高山针叶林下或杜鹃灌丛中
灰背杜鹃	*Rhododendron hippophaeoides* Balf. f. et W. W. Smith	常绿小灌木	6月	2 900～3 400	灌丛、坡地
高尚大白杜鹃	*Rhododendron decorum* Franch. subsp. *disprepes* (Balf. f. et W. W. Smith T. L. Ming	常绿灌木或小乔木	4—6月	1 000～4 000	灌丛中或森林下
小头大白杜鹃	*Rhododendron decorum* Franch. subsp. *parvistigmaticum* W. K. Hu	常绿灌木或小乔木	4—6月	1 700～3 300	常绿阔叶林及针阔叶混交林中

雷波县野生索玛花品种表

中文名	拉丁名	性状	花期	分布海拔/米	生境
问客杜鹃	*Rhododendron ambiguum* Hemsl.	灌木	5—6月	2 300～4 500	灌丛或林地
银叶杜鹃	*Rhododendron argyrophyllum* Franch.	常绿小乔木或灌木	4—5月	1 600～2 300	山坡、沟谷的丛林中
峨眉银叶杜鹃	*Rhododendron argyrophyllum* subsp. *omeiense* (Rehd. et Wils.) Chamb. ex Cullen et Chamb.	常绿小乔木或灌木	4—6月	1 600～2 301	山坡、沟谷的丛林中
星毛杜鹃	*Rhododendron asterochnoum* Diels	常绿小乔木	5月	2 400～3 600	森林内或冷杉林中

续表

中文名	拉丁名	性状	花期	分布海拔/米	生境
毛肋杜鹃	*Rhododendron augustinii* Hemsl.	常绿灌木	4—5月	1 000～2 100	山谷、山坡林中、山坡灌木林或岩石上
美容杜鹃	*Rhododendron calophytum* Franch	常绿灌木或小乔木	4—5月	1 300～4 000	森林中或冷杉林下
尖叶美容杜鹃	*Rhododendron calophytum* var. *openshawianum* (Rehd. et Wils) Chamb. ex Cullen et Chemb	常绿灌木或小乔木	4—5月	1 300～4 001	森林中或冷杉林下
粗脉杜鹃	*Rhododendron coeloneurum* Diels	常绿乔木	4—6月	1 200～2 300	山坡、灌丛、草地
秀雅杜鹃	*Rhododendron concinnum* Hemsl.	灌木	4—6月	2 300～3 000	山坡灌丛、冷杉林带杜鹃林
楔叶杜鹃	*Rhododendron cuneatum* W. W. Smith.	常绿灌木	6月	3 000	灌丛、坡地
腺果杜鹃	*Rhododendron davidii* Franch.	常绿灌木或小乔木	4—5月	1 750～2 360	林中
凹叶杜鹃	*Rhododendron davidsonianum* Rehd. et Wils	常绿灌木	4—5月	1 500～3 600	灌丛、林间空地或松林
大白杜鹃	*Rhododendron decorum* Franch	常绿灌木或小乔木	4—6月	1 000～3 300	灌丛中或森林下
小头大白杜鹃	*Rhododendron decorum* Franch. subsp. *parvistigmaticum* W. K. Hu	常绿灌木或小乔木	4—6月	1 700～3 300	常绿阔叶林及针阔叶混交林中
树生杜鹃	*Rhododendron dendrocharis* Franch.	常绿小灌木	4—6月	2 600～3 000	附生于冷杉、铁杉或其他阔叶树上
喇叭杜鹃	*Rhododendron discolor* Franch.	常绿灌木或小乔木	6—7月	900～1 900	林下或密林中
金顶杜鹃	*Rhododendron faberi* Hemsl. subsp. *faberi*	常绿灌木	5—6月	2 800～3 500	高山石坡灌丛中或冷杉林下
繁花杜鹃	*Rhododendron floribundum* Franch.	常绿灌木或小乔木	4—5月	1 400～2 700	山坡灌木丛中
大果杜鹃	*Rhododendron glanduliferum* Franch.	常绿小灌木	不明	2 300～2 400	山顶树林中
亮鳞杜鹃	*Rhododendron heliocepis* Franch.	常绿灌木	7—8月	3 000～4 000	生于针-阔叶混交林、冷杉林缘、杜鹃矮林
波叶杜鹃	*Rhododendron hemsleyanum* Wils.	常绿灌木或小乔木	5—6月	1 100～2 000	森林中

续表

中文名	拉丁名	性状	花期	分布海拔/米	生境
灰背杜鹃	*Rhododendron hippophaeoides* Balf. f. et W. W. Smith	常绿小灌木	5—6月	2 400 ~ 4 800	松林、云杉林下、林内湿草地及高山杜鹃灌丛、灌丛草甸
凉山杜鹃	*Rhododendron huianum* Fang	灌木或小乔木	5—6月	1 300 ~ 2 700	森林中
雷波杜鹃	*Rhododendron leiboense* Z. J. Zhao	附生灌木	4—5月	1 460	灌木丛中
长柄杜鹃	*Rhododendron longipes* Rehd. et Wils.	常绿灌木或小乔木	5月	2 000 ~ 2 500	疏林中或灌木丛中
黄花杜鹃	*Rhododendron lutescens* Franch.	常绿灌木，偶有小乔木	3—4月	1 700 ~ 2 000	杂木林湿润处或见于石灰岩山坡灌丛中
宝兴杜鹃	*Rhododendron moupinense* Franch	常绿小灌木，有时附生	4—5月	1 900 ~ 2 000	通常附生于林中树上，或生于岩石上
光亮杜鹃	*Rhododendron nitidulum* Rehd. et Wils.	常绿小灌木，平卧或直立	5—6月	3 200 ~ 5 000	高山草甸、河沿
峨马杜鹃	*Rhododendron ochraceum* Rehd. et Wils.	常绿灌木	5—7月	1 850 ~ 2 800	密林下
团叶杜鹃	*Rhododendron orbiculare* Decne.	常绿灌木，稀小乔木	5—6月	1 400 ~ 3 500	岩石上或针叶林下
山育杜鹃	*Rhododendron oreotrephes* W. W. Sm.	常绿灌木或小乔木	5—6月	2 100 ~ 3 700	针叶-落叶阔叶混交林、黄栎-杜鹃灌丛、落叶松林缘或冷杉林缘
绒毛杜鹃	*Rhododendron pachytrichum* Franch.	常绿灌木	4—5月	1 700 ~ 3 500	冷杉林中
石生杜鹃	*Rhododendron petrocharis* Diels	灌木，附生	4月	1 800	附生于岩壁
海绵杜鹃	*Rhododendron pingianum* Fang	常绿灌木或小乔木	5—6月	2 300 ~ 2 700	山坡疏林
多鳞杜鹃	*Rhododendron polylepis* Franch.	灌木或小乔木	4—5月	1 500 ~ 3 300	林内或灌丛
腋花杜鹃	*Rhododendron racemosum* Franch.	小灌木	3—5月	1 500 ~ 3 800	松林、松栎林下，灌丛草地或冷杉林缘
大王杜鹃	*Rhododendron rex* Levl.	常绿小乔木	5—6月	2 300 ~ 3 300	山坡林中
大钟杜鹃	*Rhododendron ririei* Hemsl. et Wils.	常绿灌木或小乔木	3—5月	1 700 ~ 1 800	山坡林缘

续表

中文名	拉丁名	性状	花期	分布海拔/米	生境
雷波大钟杜鹃	*Rhododendron ririei* subsp. *leiboense* Fang f.	常绿灌木或小乔木	3—5月	1 700～1 800	常绿灌木或小乔木
红棕杜鹃	*Rhododendron rubiginosum* Franch	常绿灌木或成小乔木	3—6月	2 500～4 200	松林林缘或林间间隙地，或针-阔叶混交林
绿点杜鹃	*Rhododendron searsiae* Rehd. et Wils.	灌木	5—6月	2 300～3 000	灌丛或林内
锈叶杜鹃	*Rhododendron siderophyllum* Franch.	常绿灌木，偶有小乔木	3—6月	1 200～3 000	山坡灌丛、杂木林或松林
糙叶杜鹃	*Rhododendron scabrifolium* Franch.	常绿灌木或小乔木	2—4月	2 000～2 600	山坡杂木林内或云南松林下
川西杜鹃	*Rhododendron sikangense* Fang	常绿小乔木或灌木	6—7月	2 800～3 100	山坡灌木丛中
杜鹃花（映山红）	*Rhododendron simsii* Planch.	常绿或平常绿灌木	4—5月	500～2 500	山地疏灌丛或松林下
爆仗花	*Rhododendron spinuliferum* Franch.	灌木	2—6月	1 900～2 500	松林、松-栎林、油杉林或山谷灌木林中
长蕊杜鹃	*Rhododendron stamineum* Franch.	常绿灌木或小乔木	4—5月	2 400～3 100	灌丛或疏林内
芒刺杜鹃	*Rhododendron strigillosum* Franch.	常绿灌木，稀小乔木	4—6月	1 600～3 580	岩石边或冷杉林中
紫斑杜鹃	*Rhododendron strigillosum* var. *monosematum* (Hutch.) T. L. Ming	常绿灌木，稀小乔木	4—6月	1 600～3 581	岩石边或冷杉林中
毛花杜鹃	*Rhododendron trichanthum* Rehd.	灌木	5—6月	1 600～3 650	灌丛和林中
尾叶杜鹃	*Rhododendron urophyllum* Fang	常绿灌木	3—5月	1 200～1 600	绿阔叶林中
皱皮杜鹃	*Rhododendron wiltonii* Hemsl. et Wils.	常绿灌木	5—6月	2 200～3 300	高山丛林中
云南杜鹃	*Rhododendron yunnanense* Franch.	落叶、半落叶或常绿灌木，偶成小乔木	4—6月	1 600～4 000	山坡杂木林、灌丛、松-栎林、云杉或冷杉林缘

美姑县野生索玛花品种表

中文名	拉丁名	性状	花期	分布海拔/米	生境
肉色杜鹃	*Rhododendron carneum* Hutch.	半常绿灌木	4—5月	1 300 ~ 2 800	山坡、灌丛
美容杜鹃	*Rhododendron calophytum* Franch	常绿灌木或小乔木	4—5月	1 300 ~ 4 000	森林中或冷杉林下
爆仗花	*Rhododendron spinuliferum* Franch. var. *spinuliferum*	灌木	2—6月	1 900 ~ 2 500	松林、松-栎林、油杉林或山谷灌木林
腋花杜鹃	*Rhododendron racemosum* Franch.	小灌木	3—5月	1 500 ~ 3 800	松林、松栎林下，灌丛草地或冷杉林缘
粉白杜鹃	*Rhododendron hypoglaucum* Hemsl.	常绿大灌木	4—5月	1 500 ~ 2 100	山坡、灌丛、林中
芒刺杜鹃	*Rhododendron strigillosum* Franch.	常绿灌木，稀小乔木	4—6月	1 600 ~ 3 580	岩石边或冷杉林中
黄花杜鹃	*Rhododendron lutescens* Franch.	常绿灌木，偶有小乔木	3—4月	1 700 ~ 2 000	杂木林湿润处或见于石灰岩山坡灌丛中
锈叶杜鹃	*Rhododendron siderophyllum* Franch.	常绿灌木，偶有小乔木	3—6月	1 200 ~ 3 000	山坡灌丛、杂木林或松林中
杜鹃	*Rhododendron simsii* Planch.	常绿或半常绿灌木	4—5月	500 ~ 2 500	山地疏灌丛或松林中
大白杜鹃	*Rhododendron decorum* Franch	常绿灌木或小乔木	4—6月	1 000 ~ 3 300	灌丛中或森林下
麻点杜鹃	*Rhododendron clementinae* Forrest	常绿灌木	5—6月	3 200 ~ 4 100	高山针叶林缘或杜鹃灌丛中
露珠杜鹃	*Rhododendron irroratum* Franch.	常绿灌木或小乔木	3—5月	1 700 ~ 3 200	山坡常绿阔叶林中或灌木丛中
小叶杜鹃	*Rhododendron parvifolium* Adams	常绿小灌木	6—7月	2 500 ~ 3 600	高山草原、灌丛林或杂木林中
皱皮杜鹃	*Rhododendron wiltonii* Hemsl. et Wils.	常绿灌木	5—6月	2 200 ~ 3 300	高山丛林中
长蕊杜鹃	*Rhododendron stamineum* Franch.	常绿灌木或小乔木	4—5月	2 400 ~ 3 100	灌丛或疏林内
团叶杜鹃	*Rhododendron orbiculare* Decne.	常绿灌木，稀小乔木	5—6月	1 400 ~ 3 500	岩石上或针叶林下
毛肋杜鹃	*Rhododendron augustinii* Hemsl.	常绿灌木	4—5月	1 000 ~ 2 100	山谷、山坡林中、山坡灌木林或岩石上
矮小杜鹃	*Rhododendron pumilum* Hook. f.	常绿矮小平卧状灌木	4—5月	3 000 ~ 4 300	高山灌丛、石坡

续表

中文名	拉丁名	性状	花期	分布海拔/米	生境
粗脉杜鹃	*Rhododendron coeloneurum* Diels	常绿乔木	4—6月	1 200～2 300	山坡、灌丛、草地
招展杜鹃	*Rhododendron megeratum* Balf. f. et Forrest	常绿小灌木，有时附生	5—6月	2 500～4 200	生于杜鹃灌丛中或附生于杂木林内树上及岩壁上
锈红杜鹃	*Rhododendron bureavii* Franch.	常绿灌木	5—6月	2 800～4 500	高山针叶林下或杜鹃灌丛中
秀雅杜鹃	*Rhododendron concinnum* Hemsl.	灌木	4—6月	2 300～3 000	山坡灌丛、冷杉林带杜鹃林
高尚大白杜鹃	*Rhododendron decorum* Franch. subsp. *disprepes* (Balf. f. et W. W. Smith T. L. Ming	常绿灌木或小乔木	4—6月	1 000～4 000	灌丛中或森林下
小头大白杜鹃	*Rhododendron decorum* Franch. subsp. *parvistigmaticum* W. K. Hu	常绿灌木或小乔木	4—6月	1 700～3 300	常绿阔叶林及针阔叶混交林中

喜德县野生索玛花品种表

中文名	拉丁名	性状	花期	分布海拔/米	生境
美容杜鹃	*Rhododendron calophytum* Franch	常绿灌木或小乔木	4—5月	1 300～4 000	森林中或冷杉林下
大白杜鹃	*Rhododendron decorum* Franch	常绿灌木或小乔木	4—6月	1 000～3 300	灌丛中或森林下
灰背杜鹃	*Rhododendron hippophaeoides* Balf. f. et W. W. Smith	常绿小灌木	5—6月	2 400～4 800	松林、云杉林下、林内湿草地及高山杜鹃灌丛、灌丛草甸
光亮杜鹃	*Rhododendron nitidulum* Rehd. et Wils.	常绿小灌木，平卧或直立	5—6月	3 200～5 000	高山草甸、河沿
金黄杜鹃	*Rhododendron rupicola* var. *chryseum*	常绿小灌木	6月	3 000～3 900	灌丛
大理杜鹃	*Rhododendron taliense* Franch.	常绿灌木	5—6月	3 200～4 100	高山冷杉林下或杜鹃灌丛中
卷叶杜鹃	*Rhododendron roxieanum* Forrest	常绿灌木	6—7月	2 600～4 300	高山针叶林或杜鹃灌丛中
钟花杜鹃	*Rhododendron campanulatum* D. Don	常绿灌木	5—6月	3 150～4 000	山坡杜鹃灌丛中
山育杜鹃	*Rhododendron oreotrephes* W. W. Sm.	常绿灌木或小乔木	5—6月	2 100～3 700	针叶-落叶阔叶混交林、黄栎-杜鹃灌丛、落叶松林缘或冷杉林缘
露珠杜鹃	*Rhododendron irroratum* Franch.	常绿灌木或小乔木	3—5月	1 700～3 200	山坡常绿阔叶林中或灌木丛中

盐源县野生索玛花品种表

中文名	拉丁名	性状	花期	分布区域	生境
腋花杜鹃	*Rhododendron racemosum* Franch.	小灌木	3—5月	1 500～3 800	松林、松栎林下，灌丛草地或冷杉林缘
大白杜鹃	*Rhododendron decorum* Franch	常绿灌木或小乔木	4—6月	1 000～3 300	灌丛中或森林下
山育杜鹃	*Rhododendron oreotrephes* W. W. Sm.	常绿灌木或小乔木	5—6月	2 100～3 700	针叶-落叶阔叶混交林、黄栎-杜鹃灌丛、落叶松林缘或冷杉林缘
露珠杜鹃	*Rhododendron irroratum* Franch.	常绿灌木或小乔木	3—5月	1 700～3 200	山坡常绿阔叶林中或灌木丛中
柔毛杜鹃	*Rhododendron pubescens* Balf. f. et Forrest	常绿小灌木	5—6月	2 700～3 500	云南松林下、灌丛中
皱皮杜鹃	*Rhododendron wiltonii* Hemsl. et Wils.	常绿灌木	5—6月	2 200～3 300	高山丛林中
糙叶杜鹃	*Rhododendron scabrifolium* Franch.	常绿灌木或小乔木	2—4月	2 000～2 600	山坡杂木林内或云南松林下
粉背碎米花	*Rhododendron hemitrichotum* Balf. f. et Forrest	小灌木	5—7月	2 200～4 000	松林或灌丛中
大王杜鹃	*Rhododendron rex* Levl.	常绿小乔木	5—6月	2 300～3 300	山坡林中
亮叶杜鹃	*Rhododendron vernicosum* Franch.	常绿灌木或小乔木	4—6月	2 650～4 300	山地、灌丛或林中
木里多色杜鹃	*Rhododendron rupicola* W. W. Smith var. *muliense* (Balf. f. et Forrest) Philip. et M. N. Philip.	常绿小灌木	6月	3 000～4 900	空旷砾石草地、高山草甸或松林中
疏花糙叶杜鹃	*Rhododendron scabrifolium* Franch. var. *pauciflorum* Franch	灌木	2—4月	2 000～2 600	山坡杂木林内或云南松林下
陇蜀杜鹃	*Rhododendron przewalskii* Maxim.	常绿灌木	6—7月	2 900～4 300	高山林地，常成林
锈红杜鹃	*Rhododendron bureavii* Franch.	常绿灌木	5—6月	2 800～4 500	高山针叶林下或杜鹃灌丛中

木里县野生索玛花品种表

中文名	拉丁名	性状	花期	分布区域	生境
木里多色杜鹃	*Rhododendron rupicola* W. W. Smith var. *muliense* (Balf. f. et Forrest) Philip. et M. N. Philip.	常绿小灌木	6月	3 000～4 900	空旷砾石草地、高山草甸或松林中
亮叶杜鹃	*Rhododendron vernicosum* Franch.	常绿灌木或小乔木	4—6月	2 650～4 300	山地、灌丛或林中
千里香杜鹃	*Rhododendron thymifolium* Maxim.	常绿直立小灌木	5—7月	2 400～4 800	湿润阴坡或半阴坡、林缘或高山灌丛中
南方雪层杜鹃	*Rhododendron nivale* Hook. f. subsp. *australe* Philip. et M. N. Philip.	常绿小灌木	5—8月	3 100～4 500	山坡灌丛草地、高山草甸、高山沼泽、湖泊岸边或林缘
粘毛栎叶杜鹃	*Rhododendron phaeochrysum* var. *levistratum*	常绿灌木	5—6月	3 000～4 450	高山冷杉下或杜鹃灌丛中
宽钟杜鹃	*Rhododendron beesianum* Diels	常绿灌木或小乔木	5—6月	3 200～4 500	针叶林下或高山杜鹃灌丛中
陇蜀杜鹃	*Rhododendron przewalskii* Maxim.	常绿灌木	6—7月	2 900～4 300	高山林地，常成林
卷叶杜鹃	*Rhododendron roxieanum* Forrest	常绿灌木	6—7月	2 600～4 300	高山针叶林或杜鹃灌丛中
毛喉杜鹃	*Rhododendron cephalanthum* Franch.	常绿小灌木，半匍匐状或平卧状，罕直立	5—7月	3 000～4 600	多石坡地、高山灌丛草甸
宽叶杜鹃	*Rhododendron sphaeroblastum* Balf. f. et Forrest	常绿灌木	5—6月	3 300～4 400	坡地冷杉林下或杜鹃灌丛中
大白杜鹃	*Rhododendron decorum* Franch	常绿灌木或小乔木	4—6月	1 000～3 300	灌丛中或森林下
漏斗杜鹃	*Rhododendron dasycladoides* Hand. –Mazz	常绿灌木或小乔木	5月	3 050～4 000	林中
大王杜鹃	*Rhododendron rex* Levl.	常绿小乔木	5—6月	2 300～3 300	山坡林中
美容杜鹃	*Rhododendron calophytum* Franch	常绿灌木或小乔木	4—5月	1 300～4 000	森林中或冷杉林下
紫丁杜鹃	*Rhododendron violaceum*	常绿小灌木	6—10月	3 800～4 200	山地、灌丛

附录二　凉山州索玛花资源分布汇总表

主要县市	典型区域	名称		性状	花期	分布海拔/米	生境
		中文名	拉丁文名				
西昌市	1. 螺髻山 ①区域面积：21 731亩 ②杜鹃花面积：13 038亩 2. 牦牛山 ①区域面积：33 821亩 ②杜鹃花面积：20 293亩	亮毛杜鹃	*Rhododendron micropyton* Franch	常绿直立灌木	3—5月	1 300 ~ 3 200	山脊或灌丛中
		糙叶杜鹃	*Rh.scabrifolium* French	常绿灌木或小乔木	3—5月	2 200 ~ 4 000	云南松林下铁仔及密油枝等灌木丛中
		柔毛杜鹃	*Rh.pubescens* Balf.f.et Forrest	常绿小灌木	3—5月	2 000 ~ 3 500	干燥瘠薄云南松林下及灌木丛中
		皱皮杜鹃	*Rh.wilonii.* French	常绿乔木	3—5月	3 000	灌木丛中
		美容杜鹃	*Rh.calophytum* French	常绿小乔木	3—5月	1 300 ~ 3 400	常绿灌木或小乔木丛中
		腋花杜鹃	*Rh.racemosum* French	常绿小灌木	3—5月	1 500 ~ 4 300	云南松林、松栎混交林内
		露珠杜鹃	*Rh.irroratum* French	常绿灌木或小乔木	3—5月	2 000 ~ 3 000	云南松林下和山坡、灌木丛中
		大王杜鹃	*Rh.rex* Levl	常绿小乔木	3—5月	2 500 ~ 4 000	山坡，常绿阔叶林，冷杉、云杉、铁杉林或灌丛中
		大白杜鹃	*Rh.decorum* Franch	常绿灌木	3—5月	1 800 ~ 3 600	山林中
		亮叶杜鹃	*Rh.vernicosum* Franch	常绿灌木	3—5月	2 800 ~ 3 200	山地、灌丛
		多鳞杜鹃	*Rh.polylepis* Franch	常绿灌木	3—5月	3 000 ~ 3 100	林下、草地
		凹叶杜鹃	*Rh.davidsonianum* Rehd.et Wils	常绿灌木	3—5月	1 600 ~ 2 000	灌丛、草坡
		毛肋杜鹃	*Rh.angustinii* Hemsl	常绿灌木	3—5月	2 500 ~ 2 600	山坡针叶林下或灌丛中
		千里香杜鹃	*Rh.thymifolium Maxim.*	常绿小灌木	3—5月	2 800 ~ 4 750	林缘或高山灌丛及山坡
		栎叶杜鹃	*Rh.phaeochrysum* Balf.f.et W.W.Sm.	常绿灌木	3—5月	3 300 ~ 3 900	针叶林下或高山灌丛中

主要县市	典型区域	名称		性状	花期	分布海拔/米	生境
		中文名	拉丁文名				
德昌县	1. 小高镇杉木村姑姑山 ①区域面积：5 237亩 ②杜鹃花面积：4 000亩 2. 乐跃镇南厂村海口沟北面 ①区域面积：16 525亩 ②杜鹃花面积：10 000亩 3. 乐跃镇南厂村海口沟南面 ①区域面积：18 785亩 ②杜鹃花面积：15 000亩	大白杜鹃	*Rhododendron decorum* Franch	常绿灌木或小乔木	4—6月	1 000 ~ 3 300	灌丛中或森林下
		红棕杜鹃	*Rhododendron rubiginosum* Franch.	常绿灌木或小乔木	4—6月	2 800 ~ 4 200	灌丛中或森林下
		锈红杜鹃	*Rhododendron bureavii* Franch.	常绿灌木	5—6月	2 800 ~ 4 500	高山针叶林下或杜鹃灌丛中
		宽叶杜鹃	*Rhododendron sphaeroblastum* Balf. f.	常绿灌木	4—6月	3 300 ~ 4 400	冷杉林下或杜鹃灌丛中
		皱皮杜鹃	*Rhododendron wiltonii* Hemsl. et Wils.	常绿灌木	5—6月	2 200 ~ 3 300	高山丛林中
		露珠杜鹃	*Rhododendron irroratum* Franch.	常绿灌木或小乔木	3—5月	1 700 ~ 3 200	山坡常绿阔叶林中或灌木丛中
		凹叶杜鹃	*Rhododendron davidsonianum* Rehd. et Wils	常绿灌木	4—5月	1 500 ~ 3 600	灌丛、林间空地或松林
		银灰杜鹃	*Rhododendron sidereum* Balf. f.	常绿灌木或小乔木	4—5月	2 400 ~ 4 000	灌丛中或森林下
		中甸杜鹃	*Rhododendron zhongdianense* L. C. Hu	常绿灌木	5—6月	3 700	灌丛中或森林下
		腋花杜鹃	*Rhododendron racemosum* Franch.	小灌木	3—5月	1 500 ~ 3 800	松栎林下，灌丛草地或冷杉林缘
		美容杜鹃	*Rhododendron calophytum* Franch	常绿灌木或小乔木	4—5月	1 300 ~ 4 000	森林中或冷杉林下
		密枝杜鹃	*Rhododendron fastigiatum* Franch.	常绿灌木、常成垫状或平卧	5—6月	3 000 ~ 4 500	高山砾石草地、杜鹃灌丛中
		多鳞杜鹃	*Rhododendron polylepis* Franch.	灌木或小乔木	4—5月	1 500 ~ 3 300	林内或灌丛中

主要县市	典型区域	名称		性状	花期	分布海拔/米	生境
		中文名	拉丁文名				
会理市	1. 龙肘山 ①区域面积：29 730亩 ②杜鹃花面积：11 000亩 2. 花木梁子 ①区域面积：27 860亩 ②杜鹃花面积：9 000亩	云锦杜鹃	*Rhododendronfortuneilindl.*	常绿灌木或小乔木	5—5月	2 500～3 000	山脊阳处或林下
		大王杜鹃	*Rhododendron rex* Levl.	小乔木	4—6月	2 500～3 000	山坡林中
		绿点杜鹃	*Rhododendron searsiae* Rehd. et Wils.	灌木	5—6月	2 500～3 000	灌丛或林内
		团叶杜鹃	*Rhododendron orbiculare* Decne.	灌木	5—6月	2 500～3 000	岩石上或针叶林下
		美容杜鹃	*Rhododendron calophytum* Franch	常绿灌木或小乔木	4—5月	2 500～3 000	森林中或冷杉林下
		长蕊杜鹃	*Rhododendron stamineum* Franch.	常绿灌木或小乔木	4—5月	2 500～3 000	杂木林内
		亮叶杜鹃	*Rhododendron vernicosum* Franch.	常绿灌木或小乔木	4—6月	2 500～3 000	森林中
		皱皮杜鹃	*Rhododendron wiltonii* Hemsl. et Wils.	常绿灌木	5—6月	2 500～3 000	高山丛林中
		大叶杜鹃	*Rhododendron faberisp.* Prattii	常绿灌木或小乔木	4—5月	2 500～3 000	灌丛或林内
		小叶杜鹃	*Rhododendron parvifolium* Adams	常绿小灌木	5—6月	2 500～3 000	高山草原、灌丛林或杂木林中
		大白杜鹃	*Rhododendron decorum* Franch	常绿灌木或小乔木	4—6月	1 000～3 300	灌丛中或森林下
		硬叶杜鹃	*Rhododendron tatsienense* Franch.	灌木	4—6月	2 300～3 600	松林、混交林或山谷边灌丛
		金江杜鹃	*Rhododendron elegantulum* Tagg et Forrest	常绿小灌木，常密集或灌丛	5—6月	3 600～3 900	高山坡地冷杉林下

主要县市	典型区域	名称		性状	花期	分布海拔/米	生境
		中文名	拉丁文名				
宁南县	1. 梁子乡鲁南山牧场 ①区域面积：14 000亩 ②杜鹃花面积：14 000亩 2. 葫芦口片区 ①区域面积：1 200亩 ②杜鹃花面积：1 200亩 3. 倮格乡 ①区域面积：2 700亩 ②杜鹃花面积：1 100亩 4. 稻谷乡牧场 ①区域面积：2 000亩 ②杜鹃花面积：2 000亩	美容杜鹃	*Rhododendron calophytum* Franch	常绿灌木或小乔木	4—5月	1 300～4 000	森林中或冷杉林下
		大白杜鹃	*Rhododendron decorum* Franch	常绿灌木或小乔木	4—6月	1 000～3 300	灌丛中或森林下
		爆仗花	*Rhododendron spinuliferum* Franch. var. *spinuliferum*	灌木	2—6月	1 900～2 500	松林、松-栎林、油杉林或山谷灌木林
		毛叶杜鹃	*Rhododendron radendum* Fang	常绿小灌木	5—6月	3 000～4 100	山地灌丛中或华山松、云南松、高山栎林下
		皱皮杜鹃	*Rhododendron wiltonii* Hemsl. et Wils.	常绿灌木	5—6月	2 200～3 300	高山丛林中
		长蕊杜鹃	*Rhododendron stamineum* Franch.	常绿灌木或小乔木	4—5月	2 400～3 100	灌丛或疏林内
		兴安杜鹃	*Rhododendron dauricum* L.	半常绿灌木	5—7月	2 500～3 000	山地落叶松林、桦木林下或林缘
		大王杜鹃	*Rhododendron rex* Levl.	常绿小乔木	5—6月	2 300～3 300	山坡林中
		油叶杜鹃	*Rhododendron virgatum* subsp. *oleifolium* (Franch.) Cullen	小灌木	3—5月	2 800～3 900	山地、灌丛
		皱叶杜鹃	*Rhododendron denudatum* Levl.木	灌木或小乔木	4—5月	2 000～3 300	山坡灌木丛
		高山杜鹃	*Rhododendron lapponicum* (L.) Wahl.	常绿小灌木	5—7月	2 400～2 800	高山、苔原、多岩石地方或沼泽地带
		五月杜鹃	*Rhododendron simsii* Planch.	常绿灌木	5—6月	500～2 500	耐寒怕热
		大叶杜鹃	*Rhododendron faberi* Hemsl. subsp. *prattii* (Franch.) Chamb.	常绿小灌木	3—5月	2 800～3 950	杜鹃灌丛中或针叶林缘
		高山杜鹃	*Rhododendron lapponicum* (L.) Wahl.	常绿小灌木	5—7月	2 400～2 800	高山、苔原、多岩石地方或沼泽地带

主要县市	典型区域	名称		性状	花期	分布海拔/米	生境
		中文名	拉丁文名				
普格县	1. 螺髻山 ①区域面积：130 218亩 ②杜鹃花面积：100 000亩 2. 海口牧场 ①区域面积：79 025亩 ②杜鹃花面积：60 000亩 3. 日都迪撒 ①区域面积：191 142亩 ②杜鹃花面积：150 000亩	乳黄杜鹃	*Rhododendron lacteum* Franch.	常绿灌木或小乔木	4—5月	3 000 ~ 4 050	冷杉林下或杜鹃灌丛中
		假乳黄杜鹃	*Rhododendron fictolactum* Balf.f.	常绿灌木或乔木	4—6月	2 950 ~ 4 100	山坡、冷杉林下、杜鹃灌丛中
		大王杜鹃	*Rhododendron rex* Levl.	常绿小乔木	5—6月	2 300 ~ 3 300	山坡林中
		美容杜鹃	*Rhododendron calophytum* Franch	常绿灌木或小乔木	4—5月	1 300 ~ 4 000	森林中或冷杉林下
		大白杜鹃	*Rhododendron decorum* Franch	常绿灌木或小乔木	4—6月	1 000 ~ 3 300	灌丛中或森林下
		宽叶杜鹃	*Rhododendron sphaeroblastum* Balf. f.	常绿灌木	4—6月	3 300 ~ 4 400	冷杉林下或杜鹃灌丛中
		红棕杜鹃	*Rhododendron rubiginosum* Franch.	常绿灌木或小乔木	4—6月	2 800 ~ 4 200	灌丛中或森林下
		普格杜鹃	*Rhododendron pugeense* L. C. Hu	灌木	5月	3 500	高山杜鹃灌丛中
		棕背杜鹃	*Rhododendron alutaceum* Balf. f. et W. W. Smith	常绿灌木	6—7月	3 250 ~ 4 300	高山岩坡灌丛中或针叶林下
		毛脉杜鹃	*Rhododendron pubicostatum* T. L. Ming	常绿灌木	5月	2 200 ~ 3 650	高山岩坡灌丛中或针叶林下
		漏斗杜鹃	*Rhododendron dasycladoides* Hand. – Mazz.	常绿灌木或小乔木	5月	3 050 ~ 4 000	高山岩坡灌丛中或针叶林下
		腋花杜鹃	*Rhododendron racemosum* Franch.	小灌木	3—5月	1 500 ~ 3 800	松栎林下，灌丛草地或冷杉林缘
		皱皮杜鹃	*Rhododendron wiltonii* Hemsl. et Wils.	常绿灌木	5—6月	2 200 ~ 3 300	高山丛林中
		亮毛杜鹃	*Rhododendron microphyton* Franch.	常绿直立灌木	3—9月	1 300 ~ 3 200	山脊或灌丛中
		锈红杜鹃	*Rhododendron bureavii* Franch.	常绿灌木	5—6月	2 800 ~ 4 500	高山针叶林下或杜鹃灌丛中
		油叶杜鹃	*Rhododendron virgatum* subsp. *oleifolium* (Franch.) Cullen	小灌木	3—5月	2 800 ~ 3 900	山地、灌丛中
		密枝杜鹃	*Rhododendron fastigiatum* Franch.	常绿灌木、常成垫状或平卧	5—6月	3 000 ~ 4 500	高山砾石草地、杜鹃灌丛中
		中甸杜鹃	*Rhododendron zhongdianense* L. C. Hu	常绿灌木	5—6月	3 700	灌丛中或森林下
		银灰杜鹃	*Rhododendron sidereum* Balf. f.	常绿灌木或小乔木	4—5月	2 400 ~ 4 000	灌丛中或森林下
		爆仗花	*Rhododendron spinuliferum* Franch. var. *spinuliferum*	灌木	2—6月	1 900 ~ 2 500	松林、松–栎林、油杉林或山谷灌木林中
		露珠杜鹃	*Rhododendron irroratum* Franch.	常绿灌木或小乔木	3—5月	1 700 ~ 3 200	山坡常绿阔叶林中或灌木丛中

主要县市	典型区域	名称		性状	花期	分布海拔/米	生境
		中文名	拉丁文名				
布拖县	1. 乌科牧场 ①区域面积：60 713亩 ②杜鹃花面积：31 812亩 2. 马衣包 ①区域面积：12 299亩 ②杜鹃花面积：6 294亩 3. 吉留秀 ①区域面积：15 688亩 ②杜鹃花面积：9 084亩 4. 洛日博 ①区域面积：30 362亩 ②杜鹃花面积：14 085亩 5. 柳口 ①区域面积：7 161亩 ②杜鹃花面积：6 044亩	腋花杜鹃	*Rhododendron racemasum* Franch	灌丛	4—5月	3 200～3 800	灌丛地
		大白杜鹃	*Rhododendron decorum* Franch	灌木	4—6月	2 900～3 300	灌丛地
		山育杜鹃	*Rhododendron oreotrephes* W. W. Sm.	常绿灌木或小乔木	5—6月	3 000～3 700	落叶阔叶混交林、杜鹃灌丛、林缘
		皱皮杜鹃	*Rhododendron wiltonii* Hemsl. et Wils.	常绿灌木	5—6月	2 200～3 300	高山丛林中
		锈红杜鹃	*Rhododendron bureavii* Franch.	常绿灌木	5—6月	2 800～4 500	高山针叶林下或杜鹃灌丛中
		高尚大白杜鹃	*Rhododendron decorum* Franch. subsp. *disprepes* (Balf. f. et W. W. Smith T. L. Ming	常绿灌木或小乔木	4—6月	1 000～4 000	灌丛中或森林下
		小头大白杜鹃	*Rhododendron decorum* Franch. subsp. *parvistigmaticum* W. K. Hu	常绿灌木或小乔木	4—6月	1 700～3 300	常绿阔叶林及针阔叶混交林中
		银灰杜鹃	*Rhododendron sidereum* Balf. f.	常绿灌木或小乔木	4—5月	2 400～4 000	灌丛中或森林下
		大王杜鹃	*Rhododendron rex* Levl.	常绿小乔木	5—6月	2 300～3 300	山坡林中
		粉红杜鹃	*Rhododendron oreodoxa* Franch. var. *fargesii* (Franch.) Chamb. ex Cullen et Chamb.	常绿灌木或小乔木	4—6月	1 900～3 100	山坡林中、灌丛、草地

主要 县市	典型区域	名称		性状	花期	分布海拔/米	生境
		中文名	拉丁文名				
昭 觉 县	1. 七里坝 ①区域面积：25 000亩 ②杜鹃花面积：17 500亩 2. 日哈 ①区域面积：30 000亩 ②杜鹃花面积：24 000亩 3. 特口甲古 ①区域面积：15 000亩 ②杜鹃花面积：9 000亩	美容杜鹃	*Rhododendron calophytum* Franch	常绿灌木或小乔木	4—5月	1 300～4 000	森林中或冷杉林下
		腋花杜鹃	*Rhododendron racemosum* Franch.	小灌木	3—5月	1 500～3 800	松林、松栎林下，灌丛草地或冷杉林缘
		大白杜鹃	*Rhododendron decorum* Franch	常绿灌木或小乔木	4—6月	1 000～3 300	灌丛中或森林下
		小叶杜鹃	*Rhododendron parvifolium* Adams	常绿小灌木	6—7月	2 500～3 600	高山草原、灌丛林或杂木林中
		大王杜鹃	*Rhododendron rex* Levl.	常绿小乔木	5—6月	2 300～3 300	山坡林中
		密枝杜鹃	*Rhododendron fastigiatum* Franch.	常绿小灌木	6月	2 900～3 400	灌丛、坡地
		皱皮杜鹃	*Rhododendron wiltonii* Hemsl. et Wils.	常绿灌木	5—6月	2 200～3 300	高山丛林中
		毛肋杜鹃	*Rhododendron augustinii* Hemsl.	常绿灌木	4—5月	1 000～2 100	山谷、山坡林中、山坡灌木林或岩石上
		肉色杜鹃	*Rhododendron carneum* Hutch.	半常绿灌木	4—5月	1 300～2 800	山坡、灌丛
		千里香杜鹃	*Rhododendron thymifolium* Maxim.	常绿直立小灌木	5—7月	2 400～4 800	湿润阴坡或半阴坡、林缘或高山灌丛中

主要县市	典型区域	名称		性状	花期	分布海拔/米	生境
		中文名	拉丁文名				
金阳县	百草坡 ①区域面积：189 960亩 ②杜鹃花面积：100 000亩	美容杜鹃	*Rhododendron calophytum* Franch	常绿灌木或小乔木	4—5月	1 300～4 000	森林中或冷杉林下
		腋花杜鹃	*Rhododendron racemosum* Franch.	小灌木	3—5月	1 500～3 800	松林、松栎林下，灌丛草地或冷杉林缘
		大白杜鹃	*Rhododendron decorum* Franch	常绿灌木或小乔木	4—6月	1 000～3 300	灌丛中或森林下
		山育杜鹃	*Rhododendron oreotrephes* W. W. Sm.	常绿灌木或小乔木	5—6月	2 100～3 700	针叶–落叶阔叶混交林、黄栎–杜鹃灌丛、落叶松林缘或冷杉林缘
		麻点杜鹃	*Rhododendron clementinae* Forrest	常绿灌木	5—6月	3 200～4 100	高山针叶林缘或杜鹃灌丛中
		露珠杜鹃	*Rhododendron irroratum* Franch.	常绿灌木或小乔木	3—5月	1 700～3 200	山坡常绿阔叶林中或灌木丛中
		皱皮杜鹃	*Rhododendron wiltonii* Hemsl. et Wils.	常绿灌木	5—6月	2 200～3 300	高山丛林中
		毛肋杜鹃	*Rhododendron augustinii* Hemsl.	常绿灌木	4—5月	1 000～2 100	山谷、山坡林中、山坡灌木林或岩石上
		乳黄杜鹃	*Rhododendron lacteum* Franch.	常绿灌木或小乔木	4—5月	3 000～4 050	冷杉林下或杜鹃灌丛中
		大王杜鹃	*Rhododendron rex* Levl.	常绿小乔木	5—6月	2 300～3 300	山坡林中
		康定杜鹃	*Rhododendron faberi* Hemsl. subsp.*prattii*(Franch.) Chamb ex Cullen et Chamb.	常绿灌木	5—6月	2 800～3 950	杜鹃灌丛中或针叶林缘
		矮小杜鹃	*Rhododendron pumilum* Hook. f.	常绿矮小平卧状灌木	4—5月	3 000～4 300	高山灌丛、石坡
		锈红杜鹃	*Rhododendron bureavii* Franch.	常绿灌木	5—6月	2 800～4 500	高山针叶林下或杜鹃灌丛中
		灰背杜鹃	*Rhododendron hippophaeoides* Balf. f. et W. W. Smith	常绿小灌木	6月	2 900～3 400	灌丛、坡地
		高尚大白杜鹃	*Rhododendron decorum* Franch. subsp. *disprepes* (Balf. f. et W. W. Smith T. L. Ming	常绿灌木或小乔木	4—6月	1 000～4 000	灌丛中或森林下
		小头大白杜鹃	*Rhododendron decorum* Franch. subsp. *parvistigmaticum* W. K. Hu	常绿灌木或小乔木	4—6月	1 700～3 300	常绿阔叶林及针阔叶混交林中

主要县市	典型区域	名称		性状	花期	分布海拔/米	生境
		中文名	拉丁文名				
雷波县	麻咪泽自然保护区 ①区域面积：120 000亩 ②杜鹃花面积：50 000亩	问客杜鹃	*Rhododendron ambiguum* Hemsl.	灌木	5—6月	2 300～4 500	灌丛或林地
		银叶杜鹃	*Rhododendron argyrophyllum* Franch.	常绿小乔木或灌木	4—5月	1 600～2 300	山坡、沟谷的丛林中
		峨眉银叶杜鹃	*Rhododendron argyrophyllum* subsp. *omeiense* (Rehd. et Wils.) Chamb. ex Cullen et Chamb.	常绿小乔木或灌木	4—6月	1 600～2 301	山坡、沟谷的丛林中
		星毛杜鹃	*Rhododendron asterochnoum* Diels	常绿小乔木	5月	2 400～3 600	森林内或冷杉林中
		毛肋杜鹃	*Rhododendron augustinii* Hemsl.	常绿灌木	4—5月	1 000～2 100	山谷、山坡林中、山坡灌木林或岩石上
		美容杜鹃	*Rhododendron calophytum* Franch	常绿灌木或小乔木	4—5月	1 300～4 000	森林中或冷杉林下
		尖叶美容杜鹃	*Rhododendron calophytum* var. *openshawianum* (Rehd. et Wils) Chamb. ex Cullen et Chemb	常绿灌木或小乔木	4—5月	1 300～4 001	森林中或冷杉林下
		粗脉杜鹃	*Rhododendron coeloneurum* Diels	常绿乔木	4—6月	1 200～2 300	山坡、灌丛、草地
		秀雅杜鹃	*Rhododendron concinnum* Hemsl.	灌木	4—6月	2 300～3 000	山坡灌丛、冷杉林带杜鹃林
		楔叶杜鹃	*Rhododendron cuneatum* W. W. Smith.	常绿灌木	6月	3 000	灌丛、坡地
		腺果杜鹃	*Rhododendron davidii* Franch.	常绿灌木或小乔木	4—5月	1 750～2 360	林中
		凹叶杜鹃	*Rhododendron davidsonianum* Rehd. et Wils	常绿灌木	4—5月	1 500～3 600	灌丛、林间空地或松林下
		大白杜鹃	*Rhododendron decorum* Franch	常绿灌木或小乔木	4—6月	1 000～3 300	灌丛中或森林下
		小头大白杜鹃	*Rhododendron decorum* Franch. subsp. *parvistigmaticum* W. K. Hu	常绿灌木或小乔木	4—6月	1 700～3 300	常绿阔叶林及针阔叶混交林中
		树生杜鹃	*Rhododendron dendrocharis* Franch.	常绿小灌木	4—6月	2 600～3 000	附生于冷杉、铁杉或其他阔叶树上
		喇叭杜鹃	*Rhododendron discolor* Franch.	常绿灌木或小乔木	6—7月	900～1 900	林下或密林中
		金顶杜鹃	*Rhododendron faberi* Hemsl. subsp. *faberi*	常绿灌木	5—6月	2 800～3 500	高山石坡灌丛中或冷杉林下

续表

主要县市	典型区域	名称		性状	花期	分布海拔/米	生境
		中文名	拉丁文名				
雷波县		繁花杜鹃	*Rhododendron floribundum* Franch.	常绿灌木或小乔木	4—5月	1 400～2 700	山坡灌木丛中
		大果杜鹃	*Rhododendron glanduliferum* Franch.	常绿小灌木	不明	2 300～2 400	山顶树林中
		亮鳞杜鹃	*Rhododendron heliocepis* Franch.	常绿灌木	7—8月	3 000～4 000	针-阔叶混交林、冷杉林缘、杜鹃矮林中
		波叶杜鹃	*Rhododendron hemsleyanum* Wils.	常绿灌木或小乔木	5—6月	1 100～2 000	森林中
		灰背杜鹃	*Rhododendron hippophaeoides* Balf. f. et W. W. Smith	常绿小灌木	5—6月	2 400～4 800	松林、云杉林下，林内湿草地及高山杜鹃灌丛、灌丛草甸
		凉山杜鹃	*Rhododendron huianum* Fang	灌木或小乔木	5—6月	1 300～2 700	森林中
		雷波杜鹃	*Rhododendron leiboense* Z. J. Zhao	附生灌木	4—5月	1 460	灌木丛中
		长柄杜鹃	*Rhododendron longipes* Rehd. et Wils.	常绿灌木或小乔木	5月	2 000～2 500	疏林中或灌木丛中
		黄花杜鹃	*Rhododendron lutescens* Franch.	常绿灌木，偶有小乔木	3—4月	1 700～2 000	杂木林湿润处或见于石灰岩山坡灌丛中
		宝兴杜鹃	*Rhododendron moupinense* Franch	常绿小灌木，有时附生	4—5月	1 900～2 000	通常附生于林中树上，或生于岩石上
		光亮杜鹃	*Rhododendron nitidulum* Rehd. et Wils.	常绿小灌木，平卧或直立	5—6月	3 200～5 000	高山草甸、河沿
		峨马杜鹃	*Rhododendron ochraceum* Rehd. et Wils.	常绿灌木	5—7月	1 850～2 800	密林下
		团叶杜鹃	*Rhododendron orbiculare* Decne.	常绿灌木，稀小乔木	5—6月	1 400～3 500	岩石上或针叶林下
		山育杜鹃	*Rhododendron oreotrephes* W. W. Sm.	常绿灌木或小乔木	5—6月	2 100～3 700	针叶-落叶阔叶混交林、黄栎-杜鹃灌丛、落叶松林缘或冷杉林缘
		绒毛杜鹃	*Rhododendron pachytrichum* Franch.	常绿灌木	4—5月	1 700～3 500	冷杉林中
		石生杜鹃	*Rhododendron petrocharis* Diels	灌木，附生	4月	1 800	附生于岩壁
		海绵杜鹃	*Rhododendron pingianum* Fang	常绿灌木或小乔木	5—6月	2 300～2 700	山坡疏林

续表

主要县市	典型区域	名称		性状	花期	分布海拔/米	生境
		中文名	拉丁文名				
雷波县		多鳞杜鹃	*Rhododendron polylepis* Franch.	灌木或小乔木	4—5月	1 500 ~ 3 300	林内或灌丛中
		腋花杜鹃	*Rhododendron racemosum* Franch.	小灌木	3—5月	1 500 ~ 3 800	松林、松栎林下，灌丛草地或冷杉林缘
		大王杜鹃	*Rhododendron rex* Levl.	常绿小乔木	5—6月	2 300 ~ 3 300	山坡林中
		大钟杜鹃	*Rhododendron ririei* Hemsl. et Wils.	常绿灌木或小乔木	3—5月	1 700 ~ 1 800	山坡林缘
		雷波大钟杜鹃	*Rhododendron ririei* subsp. *leiboense* Fang f.	常绿灌木或小乔木	3—5月	1 700 ~ 1 800	常绿灌木或小乔木
		红棕杜鹃	*Rhododendron rubiginosum* Franch	常绿灌木或小乔木	3—6月	2 500 ~ 4 200	松林林缘或林间间隙地，或针-阔叶混交林
		绿点杜鹃	*Rhododendron searsiae* Rehd. et Wils.	灌木	5—6月	2 300 ~ 3 000	灌丛或林内
		锈叶杜鹃	*Rhododendron siderophyllum* Franch.	常绿灌木，偶有小乔木	3—6月	1 200 ~ 3 000	山坡灌丛、杂木林或松林杜鹃
		糙叶杜鹃	*Rhododendron scabrifolium* Franch.	常绿灌木或小乔木	2—4月	2 000 ~ 2 600	山坡杂木林内或云南松林下
		川西杜鹃	*Rhododendron sikangense* Fang	常绿小乔木或灌木	6—7月	2 800 ~ 3 100	山坡灌木丛中
		杜鹃花（映山红）	*Rhododendron simsii* Planch.	常绿或平常绿灌木	4—5月	500 ~ 2 500	山地疏灌丛或松林下
		爆仗花	*Rhododendron spinuliferum* Franch.	灌木	2—6月	1 900 ~ 2 500	松林、松-栎林、油杉林或山谷灌木林
		长蕊杜鹃	*Rhododendron stamineum* Franch.	常绿灌木或小乔木	4—5月	2 400 ~ 3 100	灌丛或疏林内
		芒刺杜鹃	*Rhododendron strigillosum* Franch.	常绿灌木，稀小乔木	4—6月	1 600 ~ 3 580	岩石边或冷杉林中
		紫斑杜鹃	*Rhododendron strigillosum* var. *monosematum* (Hutch.) T. L. Ming	常绿灌木，稀小乔木	4—6月	1 600 ~ 3 581	岩石边或冷杉林中
		毛花杜鹃	*Rhododendron trichanthum* Rehd.	灌木	5—6月	1 600 ~ 3 650	灌丛和林内
		尾叶杜鹃	*Rhododendron urophyllum* Fang	常绿灌木	3—5月	1 200 ~ 1 600	绿阔叶林中
		皱皮杜鹃	*Rhododendron wiltonii* Hemsl. et Wils.	常绿灌木	5—6月	2 200 ~ 3 300	高山丛林中
		云南杜鹃	*Rhododendron yunnanense* Franch.	落叶、半落叶或常绿灌木，偶有小乔木	4—6月	1 600 ~ 4 000	山坡杂木林、灌丛、松栎林、云杉或冷杉林缘

主要县市	典型区域	名称		性状	花期	分布海拔/米	生境
		中文名	拉丁文名				
美姑县	1. 黄茅埂 ①区域面积：100 366亩 ②杜鹃花面积：80 000亩 2. 大风顶保护区 ①区域面积：38 713亩 ②杜鹃花面积：30 000亩	肉色杜鹃	*Rhododendron carneum* Hutch.	半常绿灌木	4—5月	1 300～2 800	山坡、灌丛
		美容杜鹃	*Rhododendron calophytum* Franch	常绿灌木或小乔木	4—5月	1 300～4 000	森林中或冷杉林下
		爆仗花	*Rhododendron spinuliferum* Franch. var. *spinuliferum*	灌木	2—6月	1 900～2 500	松林、松栎林、油杉林或山谷灌木林
		腋花杜鹃	*Rhododendron racemosum* Franch.	小灌木	3—5月	1 500～3 800	松林、松栎林下，灌丛草地或冷杉林缘
		粉白杜鹃	*Rhododendron hypoglaucum* Hemsl.	常绿大灌木	4—5月	1 500～2 100	山坡、灌丛、林中
		芒刺杜鹃	*Rhododendron strigillosum* Franch.	常绿灌木，稀小乔木	4—6月	1 600～3 580	岩石边或冷杉林中
		黄花杜鹃	*Rhododendron lutescens* Franch.	常绿灌木，偶有小乔木	3—4月	1 700～2 000	杂木林湿润处或见于石灰岩山坡灌丛中
		锈叶杜鹃	*Rhododendron siderophyllum* Franch.	常绿灌木，偶有小乔木	3—6月	1 200～3 000	山坡灌丛、杂木林或松林杜鹃
		杜鹃	*Rhododendron simsii* Planch.	常绿或半常绿灌木	4—5月	500～2 500	山地疏灌丛或松林
		大白杜鹃	*Rhododendron decorum* Franch	常绿灌木或小乔木	4—6月	1 000～3 300	灌丛中或森林下
		麻点杜鹃	*Rhododendron clementinae* Forrest	常绿灌木	5—6月	3 200～4 100	高山针叶林缘或杜鹃灌丛中
		露珠杜鹃	*Rhododendron irroratum* Franch.	常绿灌木或小乔木	3—5月	1 700～3 200	山坡常绿阔叶林中或灌木丛中
		小叶杜鹃	*Rhododendron parvifolium* Adams	常绿小灌木	6—7月	2 500～3 600	高山草原、灌丛林或杂木林中
		皱皮杜鹃	*Rhododendron wiltonii* Hemsl. et Wils.	常绿灌木	5—6月	2 200～3 300	高山丛林中
		长蕊杜鹃	*Rhododendron stamineum* Franch.	常绿灌木或小乔木	4—5月	2 400～3 100	灌丛或疏林内
		团叶杜鹃	*Rhododendron orbiculare* Decne.	常绿灌木，稀小乔木	5—6月	1 400～3 500	岩石上或针叶林下
		毛肋杜鹃	*Rhododendron augustinii* Hemsl.	常绿灌木	4—5月	1 000～2 100	山谷、山坡林中、山坡灌木林或岩石上
		矮小杜鹃	*Rhododendron pumilum* Hook. f.	常绿矮小平卧状灌木	4—5月	3 000～4 300	高山灌丛、石坡

续表

主要县市	典型区域	名称		性状	花期	分布海拔/米	生境
		中文名	拉丁文名				
美姑县		粗脉杜鹃	*Rhododendron coeloneurum* Diels	常绿乔木	4—6月	1 200～2 300	山坡、灌丛、草地
		招展杜鹃	*Rhododendron megeratum* Balf. f. et Forrest	常绿小灌木，有时附生	5—6月	2 500～4 200	杜鹃灌丛中或附生于杂木林内树上及岩壁上
		锈红杜鹃	*Rhododendron bureavii* Franch.	常绿灌木	5—6月	2 800～4 500	高山针叶林下或杜鹃灌丛中
		秀雅杜鹃	*Rhododendron concinnum* Hemsl.	灌木	4—6月	2 300～3 000	山坡灌丛、冷杉林带杜鹃林
		高尚大白杜鹃	*Rhododendron decorum* Franch. subsp. *disprepes* (Balf. f. et W. W. Smith T. L. Ming	常绿灌木或小乔木	4—6月	1 000～4 000	灌丛中或森林下
		小头大白杜鹃	*Rhododendron decorum* Franch. subsp. *parvistigmaticum* W. K. Hu	常绿灌木或小乔木	4—6月	1 700～3 300	常绿阔叶林及针阔叶混交林中
甘洛县	1. 磨房沟 ①区域面积：12 000亩 ②杜鹃花面积：12 000亩	大白杜鹃	*Rhododendron decorum* Franch	常绿灌木或小乔木	4—6月	1 000～3 300	灌丛中或森林下
	2. 抢人岗 ①区域面积：1 430亩 ②杜鹃花面积：1 430亩	灰背杜鹃	*Rhododendron hippophaeoides* Balf. f. et W. W. Smith	常绿小灌木	5—6月	2 400～4 800	松林、云杉林下，林内湿草地及高山杜鹃灌丛、灌丛草甸
		淑花杜鹃	*Rhododendron charianthum* Hutch.	常绿灌木	3—5月	2 000～3 000	云南松林下，山坡、灌丛中
	3. 竹马桠口 ①区域面积：7 000亩 ②杜鹃花面积：7 000亩	皱皮杜鹃	*Rhododendron wiltonii* Hemsl. et Wils.	常绿灌木	5—6月	2 200～3 300	高山丛林中
		大王杜鹃	*Rhododendron rex* Levl.	常绿小乔木	5—6月	2 300～3 300	山坡林中
	4. 大槽沟 ①区域面积：2 600亩 ②杜鹃花面积：2 600亩	亮叶杜鹃	*Rhododendron vernicosum* Franch.	常绿灌木或小乔木	4—6月	2 650～4 300	山地、灌丛或林中

主要县市	典型区域	名称		性状	花期	分布海拔/米	生境
		中文名	拉丁文名				
越西县	1. 猫儿山 ①区域面积：8 000亩 ②杜鹃花面积：8 000亩 2. 红海 ①区域面积：11 000亩 ②杜鹃花面积：11 000亩 3. 小山 ①区域面积：4 000亩 ②杜鹃花面积：4 000亩 4. 瓦吉莫梁子 ①区域面积：20 000亩 ②杜鹃花面积：20 000亩 5. 申果庄保护区 ①区域面积：40 000亩 ②杜鹃花面积：40 000亩	美容杜鹃	*Rhododendron calophytum* Franch	常绿灌木或小乔木	4—5月	1 300～4 000	森林中或冷杉林下
		大白杜鹃	*Rhododendron decorum* Franch	常绿灌木或小乔木	4—6月	1 000～3 300	灌丛中或森林下
		灰背杜鹃	*Rhododendron hippophaeoides* Balf. f. et W. W. Smith	常绿小灌木	5—6月	2 400～4 800	松林、云杉林下，林内湿草地及高山杜鹃灌丛、灌丛草甸
		光亮杜鹃	*Rhododendron nitidulum* Rehd. et Wils.	常绿小灌木，平卧或直立	5—6月	3 200～5 000	高山草甸、河沿
		大理杜鹃	*Rhododendron taliense* Franch.	常绿灌木	5—6月	3 200～4 100	高山冷杉林下或杜鹃灌丛中
		卷叶杜鹃	*Rhododendron roxieanum* Forrest	常绿灌木	6—7月	2 600～4 300	高山针叶林或杜鹃灌丛中
		钟花杜鹃	*Rhododendron campanulatum* D. Don	常绿灌木	5—6月	3 150～4 000	山坡杜鹃灌丛中
		高尚大白杜鹃	*Rhododendron decorum* Franch. subsp. *disprepes* (Balf. f. et W. W. Smith T. L. Ming	常绿灌木或小乔木	4—6月	1 000～4 000	灌丛中或森林下
		小头大白杜鹃	*Rhododendron decorum* Franch. subsp. *parvistigmaticum* W. K. Hu	常绿灌木或小乔木	4—6月	1 700～3 300	常绿阔叶林及针阔叶混交林中
		腋花杜鹃	*Rhododendron racemosum* Franch.	小灌木	3—5月	1 500～3 800	松林、松栎林下，灌丛草地或冷杉林缘
		露珠杜鹃	*Rhododendron irroratum* Franch.	常绿灌木或小乔木	3—5月	1 700～3 200	山坡常绿阔叶林中或灌木丛中
		大王杜鹃	*Rhododendron rex* Levl.	常绿小乔木	5—6月	2 300～3 300	山坡林中
		小叶杜鹃	*Rhododendron parvifolium* Adams	常绿小灌木	6—7月	2 500～3 600	高山草原、灌丛林或杂木林中

主要县市	典型区域	名称		性状	花期	分布海拔/米	生境
		中文名	拉丁文名				
喜德县	小相岭 ①区域面积：25 000亩 ②杜鹃花面积：8 750亩	美容杜鹃	*Rhododendron calophytum* Franch	常绿灌木或小乔木	4—5月	1 300～4 000	森林中或冷杉林下
		大白杜鹃	*Rhododendron decorum* Franch	常绿灌木或小乔木	4—6月	1 000～3 300	灌丛中或森林下
		灰背杜鹃	*Rhododendron hippophaeoides* Balf. f. et W. W. Smith	常绿小灌木	5—6月	2 400～4 800	松林、云杉林下，林内湿草地及高山杜鹃灌丛、灌丛草甸
		光亮杜鹃	*Rhododendron nitidulum* Rehd. et Wils.	常绿小灌木，平卧或直立	5—6月	3 200～5 000	高山草甸、河沿
		金黄杜鹃	*Rhododendron rupicola* var. *chryseum*	常绿小灌木	6月	3 000～3 900	灌丛中
		大理杜鹃	*Rhododendron taliense* Franch.	常绿灌木	5—6月	3 200～4 100	高山冷杉林下或杜鹃灌丛中
		卷叶杜鹃	*Rhododendron roxieanum* Forrest	常绿灌木	6—7月	2 600～4 300	高山针叶林或杜鹃灌丛中
		钟花杜鹃	*Rhododendron campanulatum* D. Don	常绿灌木	5—6月	3 150～4 000	山坡杜鹃灌丛中
		山育杜鹃	*Rhododendron oreotrephes* W. W. Sm.	常绿灌木或小乔木	5—6月	2 100～3 700	针叶–落叶阔叶混交林、黄栎–杜鹃灌丛、落叶松林缘或冷杉林缘
		露珠杜鹃	*Rhododendron irroratum* Franch.	常绿灌木或小乔木	3—5月	1 700～3 200	山坡常绿阔叶林中或灌木丛中

主要县市	典型区域	名称		性状	花期	分布海拔/米	生境
		中文名	拉丁文名				
冕宁县	1. 小相岭 ①区域面积：2 000亩 ②杜鹃花面积：2 000亩 2. 采马姑 ①区域面积：2 000亩 ②杜鹃花面积：2 000亩 3. 倒流水 ①区域面积：1 500亩 ②杜鹃花面积：1 500亩 4. 牦牛山 ①区域面积：1 200亩 ②杜鹃花面积：1 200亩	星毛杜鹃	*Rhododendron asterochnoum* Diels	常绿小乔木	5月	2 400~3 600	森林内或冷杉林中
		小叶杜鹃	*Rhododendron parvifolium* Adams	常绿小灌木	6—7月	2 500~3 600	高山草原、灌丛林或杂木林中
		美容杜鹃	*Rhododendron calophytum* Franch	常绿灌木或小乔木	4—5月	1 300~4 000	森林中或冷杉林下
		爆仗花	*Rhododendron spinuliferum* Franch. var. *spinuliferum*	灌木	2—6月	1 900~2 500	松林、松栎林、油杉林或山谷灌木林
		冕宁杜鹃	*Rhododendron mianningense* Z. J. Zhao	灌木	4—6月	3 550	灌丛中
		芒刺杜鹃	*Rhododendron strigillosum* Franch.	常绿灌木，稀小乔木	4—6月	1 600~3 580	岩石边或冷杉林中
		大白杜鹃	*Rhododendron decorum* Franch	常绿灌木或小乔木	4—6月	1 000~3 300	灌丛中或森林下
		灰背杜鹃	*Rhododendron hippophaeoides* Balf. f. et W. W. Smith	常绿小灌木	5—6月	2 400~4 800	松林、云杉林下，林内湿草地及高山杜鹃灌丛、灌丛草甸
		柔毛杜鹃	*Rhododendron pubescens* Balf. f. et Forrest	常绿小灌木	5—6月	2 700~3 500	云南松林下、灌丛中
		皱皮杜鹃	*Rhododendron wiltonii* Hemsl. et Wils.	常绿灌木	5—6月	2 200~3 300	高山丛林中
		糙叶杜鹃	*Rhododendron scabrifolium* Franch.	常绿灌木或小乔木	2—4月	2 000~2 600	山坡杂木林内或云南松林下
		大王杜鹃	*Rhododendron rex* Levl.	常绿小乔木	5—6月	2 300~3 300	山坡林中
		紫丁杜鹃	*Rhododendron violaceum*	常绿小灌木	6—10月	3 800~4 200	山地、灌丛
		锈红杜鹃	*Rhododendron bureavii* Franch.	常绿灌木	5—6月	2 800~4 500	高山针叶林下或杜鹃灌丛中

主要县市	典型区域	名称		性状	花期	分布海拔/米	生境
		中文名	拉丁文名				
盐源县	1. 右所乡野猪迯 ①区域面积：100 000亩 ②杜鹃花面积：10 000亩 2. 卫城镇树河镇（大哨桠口） ①区域面积：120 000亩 ②杜鹃花面积：10 000亩	腋花杜鹃	*Rhododendron racemosum* Franch.	小灌木	3—5月	1 500 ~ 3 800	松林、松栎林下，灌丛草地或冷杉林缘
		大白杜鹃	*Rhododendron decorum* Franch	常绿灌木或小乔木	4—6月	1 000 ~ 3 300	灌丛中或森林下
		山育杜鹃	*Rhododendron oreotrephes* W. W. Sm.	常绿灌木或小乔木	5—6月	2 100 ~ 3 700	针叶-落叶阔叶混交林、黄栎-杜鹃灌丛、落叶松林缘或冷杉林缘
		露珠杜鹃	*Rhododendron irroratum* Franch.	常绿灌木或小乔木	3—5月	1 700 ~ 3 200	山坡常绿阔叶林中或灌木丛中
		柔毛杜鹃	*Rhododendron pubescens* Balf. f. et Forrest	常绿小灌木	5—6月	2 700 ~ 3 500	云南松林下、灌丛中
		皱皮杜鹃	*Rhododendron wiltonii* Hemsl. et Wils.	常绿灌木	5—6月	2 200 ~ 3 300	高山丛林中
		糙叶杜鹃	*Rhododendron scabrifolium* Franch.	常绿灌木或小乔木	2—4月	2 000 ~ 2 600	山坡杂木林内或云南松林下
		粉背碎米花	*Rhododendron hemitrichotum* Balf. f. et Forrest	小灌木	5—7月	2 200 ~ 4 000	松林或灌丛中
		大王杜鹃	*Rhododendron rex* Levl.	常绿小乔木	5—6月	2 300 ~ 3 300	山坡林中
		亮叶杜鹃	*Rhododendron vernicosum* Franch.	常绿灌木或小乔木	4—6月	2 650 ~ 4 300	山地、灌丛或林中
		木里多色杜鹃	*Rhododendron rupicola* W. W. Smith var. *muliense* (Balf. f. et Forrest) Philip. et M. N. Philip.	常绿小灌木	6月	3 000 ~ 4 900	空旷砾石草地、高山草甸或松林中
		疏花糙叶杜鹃	*Rhododendron scabrifolium* Franch. var. *pauciflorum* Franch	灌木	2—4月	2 000 ~ 2 600	山坡杂木林内或云南松林下
		陇蜀杜鹃	*Rhododendron przewalskii* Maxim.	常绿灌木	6—7月	2 900 ~ 4 300	高山林地，常成林

主要县市	典型区域	名称		性状	花期	分布海拔/米	生境
		中文名	拉丁文名				
木里县	1. 寸冬海 ①区域面积：13 609亩 ②杜鹃花面积：13 609亩 2. 巴丁拉姆自然保护区 ①区域面积：1 023亩 ②杜鹃花面积：1 023亩 3. 玛娜茶金 ①区域面积：9 729亩 ②杜鹃花面积：9 729亩	木里多色杜鹃	*Rhododendron rupicola* W. W. Smith var. *muliense* (Balf. f. et Forrest) Philip. et M. N. Philip.	常绿小灌木	6月	3 000～4 900	空旷砾石草地、高山草甸或松林中
		亮叶杜鹃	*Rhododendron vernicosum* Franch.	常绿灌木或小乔木	4—6月	2 650～4 300	山地、灌丛或林中
		千里香杜鹃	*Rhododendron thymifolium* Maxim.	常绿直立小灌木	5—7月	2 400～4 800	湿润阴坡或半阴坡、林缘或高山灌丛中
		南方雪层杜鹃	*Rhododendron nivale* Hook. f. subsp. *australe* Philip. et M. N. Philip.	常绿小灌木	5—8月	3 100～4 500	山坡灌丛草地、高山草甸、高山沼泽、湖泊岸边或林缘
		粘毛栎叶杜鹃	*Rhododendron phaeochrysum* var. *levistratum*	常绿灌木	5—6月	3 000～4 450	高山冷杉下或杜鹃灌丛中
		宽钟杜鹃	*Rhododendron beesianum* Diels	常绿灌木或小乔木	5—6月	3 200～4 500	针叶林下或高山杜鹃灌丛中
		陇蜀杜鹃	*Rhododendron przewalskii* Maxim.	常绿灌木	6—7月	2 900～4 300	高山林地，常成林
		卷叶杜鹃	*Rhododendron roxieanum* Forrest	常绿灌木	6—7月	2 600～4 300	高山针叶林或杜鹃灌丛中
		毛喉杜鹃	*Rhododendron cephalanthum* Franch.	常绿小灌木，半匍匐状或平卧状，罕直立	5—7月	3 000～4 600	多石坡地、高山灌丛草甸
		宽叶杜鹃	*Rhododendron sphaeroblastum* Balf. f. et Forrest	常绿灌木	5—6月	3 300～4 400	坡地冷杉林下或杜鹃灌丛中
		大白杜鹃	*Rhododendron decorum* Franch	常绿灌木或小乔木	4—6月	1 000～3 300	灌丛中或森林下
		漏斗杜鹃	*Rhododendron dasycladoides* Hand.-Mazz	常绿灌木或小乔木	5月	3 050～4 000	林中
		大王杜鹃	*Rhododendron rex* Levl.	常绿小乔木	5—6月	2 300～3 300	山坡林中
		美容杜鹃	*Rhododendron calophytum* Franch	常绿灌木或小乔木	4—5月	1 300～4 000	森林中或冷杉林下
		紫丁杜鹃	*Rhododendron violaceum*	常绿小灌木	6—10月	3 800～4 200	山地、灌丛

主要县市	典型区域	名称		性状	花期	分布海拔/米	生境
		中文名	拉丁文名				
木里林业局	1. 查尔瓦梁子 ①区域面积：3 777亩 ②杜鹃花面积：3 777亩 2. 卡拉九道拐梁子 ①区域面积：72 625亩 ②杜鹃花面积：72 625亩 3. 卡拉烧香梁子 ①区域面积：8 792亩 ②杜鹃花面积：8 792亩 4. 玛娜茶金 ①区域面积：1 502亩 ②杜鹃花面积：1 502亩	木里多色杜鹃	*Rhododendron rupicola* W. W. Smith var. *muliense* (Balf. f. et Forrest) Philip. et M. N. Philip.	常绿小灌木	6月	3 000~4 900	空旷砾石草地、高山草甸或松林中
		美容杜鹃	*Rhododendron calophytum* Franch	常绿灌木或小乔木	4—5月	1 300~4 000	森林中或冷杉林下
		亮叶杜鹃	*Rhododendron vernicosum* Franch.	常绿灌木或小乔木	4—6月	2 650~4 300	山地、灌丛或林中
		千里香杜鹃	*Rhododendron thymifolium* Maxim.	常绿直立小灌木	5—7月	2 400~4 800	湿润阴坡或半阴坡、林缘或高山灌丛中
		紫丁杜鹃	*Rhododendron violaceum*	常绿小灌木	6—10月	3 800~4 200	山地、灌丛
		南方雪层杜鹃	*Rhododendron nivale* Hook. f. subsp. *australe* Philip. et M. N. Philip.	常绿小灌木	5—8月	3 100~4 500	山坡灌丛草地、高山草甸、高山沼泽、湖泊岸边或林缘
		粘毛栎叶杜鹃	*Rhododendron phaeochrysum* var. *levistratum*	常绿灌木	5—6月	3 000~4 450	高山冷杉下或杜鹃灌丛中
		栎叶杜鹃	*Rhododendron phaeochrysum* Balf. f. et W. W. Smith	常绿灌木	5—6月	3 300~4 200	高山冷杉下或杜鹃灌丛中
		宽钟杜鹃	*Rhododendron beesianum* Diels	常绿灌木或小乔木	5—6月	3 200~4 500	针叶林下或高山杜鹃灌丛中
		陇蜀杜鹃	*Rhododendron przewalskii* Maxim.	常绿灌木	6—7月	2 900~4 300	高山林地，常成林
		漏斗杜鹃	*Rhododendron dasycladoides* Hand.-Mazz	常绿灌木或小乔木	5月	3 050~4 000	林中
		卷叶杜鹃	*Rhododendron roxieanum* Forrest	常绿灌木	6—7月	2 600~4 300	高山针叶林或杜鹃灌丛中
		宽叶杜鹃	*Rhododendron sphaeroblastum* Balf. f. et Forrest	常绿灌木	5—6月	3 300~4 400	坡地冷杉林下或杜鹃灌丛中
		大王杜鹃	*Rhododendron rex* Levl.	常绿小乔木	5—6月	2 300~3 300	山坡林中
		山育杜鹃	*Rhododendron oreotrephes* W. W. Sm.	常绿灌木或小乔木	5—6月	2 100~3 700	针叶-落叶阔叶混交林、黄栎-杜鹃灌丛、落叶松林缘或冷杉林缘
		大白杜鹃	*Rhododendron decorum* Franch	常绿灌木或小乔木	4—6月	1 000~3 300	灌丛中或森林下

参考文献

[1]冯国楣. 中国杜鹃花（第1册）[M]. 北京：科学出版社，1988：1-190.

[2]冯国楣. 中国杜鹃花（第2册）[M]. 北京：科学出版社，1992：2-226.

[3]冯国楣，杨增宏. 中国杜鹃花（第3册）[M]. 北京：科学出版社，1999：2-1324.

[4]张旭东，罗强，刘建林. 攀西杜鹃花属植物资源调查及开发利用[J]. 中国林副特产，
2007，（3）:64-66.

[5]陆铭宁. 彝家新寨建设与花卉产业开发研究——以凉山杜鹃花旅游资源开发为例[J]. 商
场现代化，2014（16）.

[6]（清）何东铭. 邛嶲野录. [M]. 西昌：西昌市旧志整理委员会，2014.

[7]青山牧女. 诗韵西昌[M]. 成都：电子科技大学出版社，2015.8.

[8]凉山彝族自治州人民政府. 中国彝文典籍译丛[J]. 四川民族，2006（10）.

[9]史志义，甘映平，白明轩. 甘嫫阿妞[M]. 成都：四川民族出版社，1998.12.

[10]中国科学院中国植物志编辑委员会. 中国植物志（第57卷）（第一分册）[M]. 北京：
科学出版社，1999:13-213.

[11]中国科学院中国植物志编辑委员会. 中国植物志（第57卷）（第二分册）[M]. 北京：
科学出版社，1994:1-438.

[12]覃海宁，杨永，董仕勇，等. 中国高等植物受威胁物种名录[J]. 生物多样性，2017，
25（7）:696-744.